嚴浩秘方

還你自癒力

嚴浩 編著

自序

這本書一如繼往為大家分享幫助身體自癒的食療，基礎還是建立在實戰上，非常珍貴。「嚴浩食療」的特色是在報章上與讀者互動，全程公開，在社會的監督下進行，過程中，「醫生」是讀者自己，「藥物」大部分從自家廚房中來，而效果通常都是正面的。

我經常強調，食療法不同傳統醫藥，傳統療法叫「精準性治療」，好比家中有了老鼠，滅鼠隊長拿起AK47對準老鼠開火，有時打中，有時打不中，但火藥威力強大，不時連傢具也打爛。老鼠打死了，過幾天又發現老鼠，因為滅鼠隊長只負責殺老鼠，不負責堵塞老鼠的源頭，這叫「精準性治療」。食療法沒有槍也沒有火藥，患者必需挽起褲腳下水，自己按照我推薦的自然療法找到老鼠源頭，堵塞老鼠洞，家中的老鼠自然絕跡，這叫自癒療法。

身體中的自癒系統是大自然贈送的禮物，我們是大自然的孩子，從成胎至死大自然都默默地在身邊扶持，只是我們從來不曾慢下腳步聆聽身體的溝通。

（免責聲明：食療無法代替醫藥，有病請看醫生。）

目錄

2 自序

8 第一章 腸道守衛者 實戰「玻璃肚」

9 最關心腸道健康 10 腸很聰明 12 誰是健康守衛者？

14 身體比實際年齡老 16 玻璃肚之苦 17 壓力導致腹瀉／便秘

19 山竹汁加益生菌改善排便 20 西藥治腸激症效用低 22 四招打倒腸激症

24 腸有毒，青筋鼓脹 25 觀察青筋了解病情 27 舌下青筋與心臟病

29 不吃肉要多吃豆 31 木瓜素清腸道 32 老父肌肉 因何萎縮

34 一招改善消化 35 最完美的全營養食品 37 調理腸胃

39 如果你長期肚瀉／便秘 41 無蛋白質，無康健美 43 健康地瘦好簡單！

44 藜麥與小米雙劍合璧 46 堅果能量球 48 每天吃二十五粒杏仁

49 藜麥為淋巴排毒 51 腸激、喉痛、高血壓（上） 53 腸激、喉痛、高血壓（下）

54 胃酸倒流秘方（上） 56 胃酸倒流秘方（下）

58
第二章　脫髮夜尿苦　再戰都市病
59 頭髮怕冷氣又怕太陽　60 護理頭髮的聖油　62 洋蔥有助頭髮再生
64 生頭髮成功率百分之八十六！　65 生洋蔥汁加木梳　67 蜂蜜幫助頭髮再生
68 甘草和藏紅花養髮　70 李太實戰治痔瘡驗方　72 無花果加益生菌戰勝痔瘡
73 治夜尿秘方　75 止夜尿妙方　76 小便不出靠祈禱　78 食感冒藥食出大頭佛
79 洗米水可以通小便？　80 通小便秘方　82 怕冷這老毛病
83 老罐新用治痛症　85 拔火罐拔出狀元　87 防感冒醫埋香港腳
88 泡腳的方法　90 擦掉死皮的重要性　91 徹底治療香港腳
93 打倒玫瑰痤瘡(上)　94 打倒玫瑰痤瘡(下)

96
第三章　糖尿成頑症，皆因飲食起
97 吃得多，常發炎　98 這些為你打工的可憐細胞　100 十個港人，一個糖尿
102 認識頭號非傳染病殺手　104 你身邊的糖尿病人　106 我的朋友把自己吃死了
107 先潰爛，再失明　109 外表不肥，內臟肥爆　111 BB的一生被父母害了

112 教你改善糖尿病
114 「快升糖」食物
116 可樂總裁忌可樂
117 飲可樂後身體的變化
119 飲汽水會上癮
121 低糖飲料非健康
122 噪音＝壓力＝癡肥
124 中國是肥胖大國

126 第四章 尋覓大自然 食療煥健康

127 願宇宙賜我們力量
129 不吃飯不吃麵，吃這個
130 經過動物測試的食療
132 世上最有療效的食材
133 人類在泥漿中打滾的制度
135 黃薑治療寵物秘方
137 好味道黃薑炒藜麥飯
139 桑葉茶含鈣 比牛奶高二十五倍
140 桑葉茶成為國際明星
142 桑葉茶是超值茶
144 四季皆大汗，怎辦？
145 遏制人體吸收鉛的食物
147 排鉛毒湯水
149 飲了鉛水也不怕
150 ECM 排毒粉打低體內重金屬
152 ECM 加酸鹼調節劑 清腸排毒
154 重新認識蜂皇漿
155 蜂皇漿不止對糖尿病有效
157 嗡嗡嗡，做死小蜜蜂
158 改善糖尿又減肥
160 蜂蜜是天然抗生素

162
第五章 日食三種油 古方排膽石
163 找到了油中王者！
164 澳洲堅果油可調節血脂
166 印度古方排膽石清肝法
168 一招減少肌膚皺紋
169 食油也可成健康陷阱
171 為甚麼會逐漸停經？
173 甲狀腺低又停經
174 必須每天吃的三種油
176 橄欖油炒餸衰梗

178
第六章 女性長鬍鬚？健康需經營
179 這種胸圍引起乳癌
180 遠離這種桌椅、床褥、眼鏡框
182 怎樣逼癌細胞自殺
183 是誰阻止癌細胞移民
185 經營健康好像做生意
187 女人為甚麼有鬍鬚
189 典型的卵巢多囊綜合症
191 垃圾食品對女性的傷害
193 女性都要吃的三寶
194 肥胖女性要懂的食療
196 減肥恩物奇亞籽
198 女人有鬍鬚也不怕
200 減肥莫忘蘋果醋
202 消脂減肥這樣吃
203 乳腺增生與情緒的關係
205 你還記得青春期嗎？
207 青春期的「叛軍」
208 大腦影響兩代人幸福
210 人格改變面貌
212 一輩子都在青春期
214 青春期的生理特點
216 荷爾蒙澎湃
218 你對我like，我為你亡
220 高估自己能力的青少年
222 閱讀模塑人格

「腸易激綜合症」食療方法：一、每日飲用六十毫升山竹汁；二、每天飲用一湯匙（十五毫升）亞麻籽油，隨餐服用，可以從半湯匙開始。三天後再增加。三、益生菌，服用C字頭的一種，在飯後服用；四、蒜頭水，從半湯匙開始，早上加在少量溫水中服用。可以在服用山竹汁後服用蒜頭水。

完全素食的人，腸道中的毒素會相對少，但必須每天吃各種豆類，譬如雜豆飯、雜豆粥，缺乏蛋白質的人身體不會好，永遠處於亞健康狀態。

有關治療胃酸倒流的食療，可以用一茶匙蘋果醋攪拌在一杯溫水中，每次胃酸倒流發作就喝。

最關心腸道健康

讀者們很有心，服用食療後身體有改善，在我的臉書上留言和傳電郵給我道謝。

其實我只是跟大家分享了一些健康常識，幫助大家了解和善待自己的身心，有心人照着做，結果身體的自癒功能改善了，病痛自然消失。

在一場演講後，主辦單位通過統計反饋說，大家最希望了解腸道健康，腸道健康是一切器官中最首要的，剛好齊老師及時介紹了一本有關的書，書中說「腸子支配了全身百分之九十的幸福激素、百分之七十的免疫力。腸道比大腦更聰明，能預先感到危機，在關鍵的時候救你的命！」（未完）

「腸子支配了全身百分之九十的幸福激素、百分之七十的免疫力。腸道比大腦更聰明，能預先感到危機，在關鍵的時候救你的命！」

腸很聰明

這本書叫《腸很聰明，腦是笨蛋》，作者是日本醫學博士藤田紘一郎，書中把腸道人性化了，變成好像卡通片中的英雄。

「為了拯救健康，腸子忠誠而堅強，力挽狂躁、憂鬱、失控的大腦所下的決定，擁有無窮精力、擺脱失智危機、清掉致命的癌細胞，讓我們從聽腸子的話開始！」

原來人的各種器官並非同時演化，譬如消化器官就比大腦的演化提前起碼幾十萬年，甚至億萬年，人類的祖先可能只是一粒會吃喝拉撒、只可以應付生存的單細胞。這本書中的好人是腸子，反派是大腦：

「從生物演化的資歷來看，大腦是個年輕的器官，驕傲自滿，意志薄弱，經常誤判，充滿偏見。而腸子是最資深的器官，始終思考全身的整體運作，意志堅強，不欺騙人也不被欺騙，更不會判斷錯誤。」

我們早就在以前的文章中一再講過腸道好比第二個大腦：「一旦影響你一生健康的腸子受損，憂鬱、肥胖、疲勞、性冷感、過敏、癌症……就會一一上身。這時候如果任由對健康毫不在乎的腦子繼續主導，只能走向滅亡一途。」

原來在健康意識上，我們的大腦完全沒有主見。譬如我們曾說過，細胞靠脂肪生存，而且比起其他器官的細胞，腦細胞需要更多脂肪，但我們的大腦沒有判斷能力，只要來者是脂肪，哪怕是地溝油，腦細胞也甘之如飴，這時候能提示我們吃錯了東西的器官只有腸道，所以要學會與腸道溝通，及時扭轉健康。

結論是要吃得健康，便要養成健康的起居生活習慣。（未完）

「一旦影響你一生健康的腸子受損，憂鬱、肥胖、疲勞、性冷感、過敏、癌症……就會一一上身。」

誰是健康守衛者？

根據重要醫學研究指出，腸道健康對性功能、免疫力、腦部發育、憂鬱症、自閉症、癌症、糖尿病、心臟病、血管病、皮膚病、敏感、肥胖等等都有直接影響。

如果一個人有以上任何一個症狀，譬如常感到憂鬱、減肥老不成功、免疫力失調……不要用大腦思考改善健康的方法，大腦只會給你製造種種誤解、藉口、混亂、恐懼，倒要從腸的角度來思考健康是怎麼一回事。

首先要吃腸子愛好的食物，吃對食物讓它開心，可以降血糖，活化殺手細胞，將身體產生的癌細胞清光光。

腸道健康，激發製造幸福的腦內啡、多巴胺與血清素，也就不容易疲勞、不會習慣性地憂鬱。吃對高抗氧化力食物，培養腸內好菌，能阻斷身體老化的速度，便會充滿活力不衰老。

腸道健康就能大量分泌血清素，活化腦力、改善頭腦功能，不會腦退化。

記住，貪吃、濫藥、沒有自制力、沒有健康意識的是大腦。

相反，腸子是身體最「見義勇為」的健康守衛，不斷地排出有毒的廢物、分泌幸福的激素。

《腸很聰明，腦是笨蛋》是本很有趣的書，作者是位醫生、博士，是免疫與傳染病研究權威，他寫這本書的時候已經七十歲，討論健康知識的同時，亦加入不少人生體會。

反過來問：大腦思維對健康完全沒有影響嗎？其實，思維情緒對健康的影響高達百分之五十！正面思維、注意減壓，對身體健康有決定性的影響。

（未完）

吃對高抗氧化力食物，培養腸內好菌，能阻斷身體老化的速度，便會充滿活力不衰老。

身體比實際年齡老

二零一五年四月七日，我收到一封來自小H的來信，她開門見山地在信中說因長期受壓力影響，身體終於頂不住，積勞成疾，備受「腸易激綜合症」的困擾。

她在信中這樣說：「嚴Sir，你好！我名叫小H，是一名二十八歲女子，因長期受壓力影響，身體終於頂不住，積勞成疾。近五年來出了很大問題，如：經常胃痛、濕疹、食物敏感、味覺改變、牙肉腫痛、頭痛、頭暈、感冒等，仿佛免疫系統完全失調。不過，因為我努力戒口已有一點好轉。非常困擾我的是『腸易激綜合症』（朋友稱我的肚子為『玻璃肚』，一碰即碎），當食到一點不潔食物，晚上就會不停嘔和肚瀉，同時腸和胃不停抽筋，一邊抽，一邊肚瀉，一邊嘔，痛不欲生（受盡了十級痛楚的滋味）。抽筋完全停不了，要召救護車進醫院打針，又或者吊水才能紓緩少少痛楚。

「我花了很多金錢和時間，看過不少中、西醫，照過腸和胃（結果正常），完全戒生冷食品和飲料、刺激性食物，甚至轉了一份輕鬆一點的工作，還放棄了學業，用盡一切方法尋找根治的方法，但情況還是起伏不定。曾想過學會自己打針、吊水，這樣就不用每次痛到傻還得等醫生，也不用每次召救護車。只是我知道這是治標不治本的。

「幸運地在電視節目中認識了你，朋友也曾介紹過你的食療，既然藥物幫不到我，戒口也沒有太大改善，為甚麼我不嘗試用食療去改善我的腸胃問題呢？我應該用甚麼食療才可以改善病情？我可以擁有二十八歲應該有的健康嗎？」

小H身體的年齡已經比實際年齡老化，怎麼辦？（未完）

「既然藥物幫不到我，戒口也沒有太大改善，為甚麼我不嘗試用食療去改善我的腸胃問題呢？我應該用甚麼食療才可以改善病情？」

玻璃肚之苦

小H患有嚴重的「腸易激綜合症」，當吃到一點不潔的食物，晚上就會不停嘔和肚瀉，同時腸和胃不停抽筋，朋友叫她「玻璃肚」。

其實患上「玻璃肚」不一定是因為食物不潔淨，也可能是身體遇到不耐受的食物。

我這樣回覆她：「你的問題是完全可以改善的，要對自己有信心。你打算用食療或自然療法來幫自己，這個方向正確。我建議你到食療主義預約一個生物共振的檢查，看看應該用甚麼食物配合改善健康。有位同事與你的問題相似，她的腸道惡化到連益生菌都無法服用，但經過一段時間食療已經有進步，過去青白沒有血色的臉現在有了光澤，腸道的情況也慢慢轉趨正常。相信你一樣會好起來。」

小H再來信問：「非常感謝你的回覆，我已預約了生物共振的檢查。想

「山竹汁是近年西方的明星食療，但在東南亞，民間早就發現它的偉大之處，我平時沒把這種滿街都能找到的水果放在眼裏，吃它的時候還怕它寒，原來這好吃的東西竟是個寶。」

請問這段期間有甚麼食療適合我？」

答：「這裏有一個方法建議你嘗試：一、食療主義有一款山竹汁，你按照瓶上的推薦飲用方法，每日飲用六十毫升；二、每天飲用一湯匙（十五毫升）亞麻籽油，隨餐服用，你可以從半湯匙開始。三天後再增加。當然，如果你可以吃布緯食療就最好。

「山竹汁是近年西方的明星食療，但在東南亞，民間早就發現它的偉大之處，我平時沒把這種滿街都能找到的水果放在眼裏，吃它的時候還怕它寒，原來這好吃的東西竟是個寶。」（未完）

壓力導致腹瀉／便秘

腸易激綜合症又稱過敏性腸道症候群，主要症狀是排便異常、腹痛，時而腹瀉時而便秘。

腸易激綜合症患者在感到壓力或者焦慮時，即使程度很輕，也會導致腹瀉（也稱神經質性下痢）。有時候在劇烈腹痛後會排出大量黏液，或大便失禁；徵狀重一點的人，會無法控制地放屁，被視為社交恐懼症的一種。

我看過一本書，是台大醫學士王群光醫師寫的《山竹果與生活自然醫學》，其中講到山竹在改善大腸激躁症有神奇效果，以下是案例。

「我是一名護士，罹患大腸激躁症已很多年了，雖然一直都有看腸胃專科醫師及吃藥，不但沒有改善反而愈來愈糟。有一段時間每天吃九顆藥，但疾病毫無起色。過去兩年，我經常大便失禁，有時一整個星期無法上班，要穿成人紙尿褲，雖然每天吃三顆抗憂鬱藥物，還是感到很消沉，晚上睡不好，經常感覺很疲倦，昏昏沉沉，好像沒有活下去的價值。

「一個月前我開始喝山竹果汁，自第三天開始，就不再有大腸激躁症發生過，睡眠變得好，精力充沛，也不再感到消沉，所有藥都停了。經過那麼多年吃藥又無法解除病痛的日子，終於有了一個不必依賴藥物的生活。

「剛開始時，我每天喝兩次，每次六十毫升，但後來改為每天三次，每次三十毫升，徵狀不曾再發生過，對我來說，那真的是奇迹。感謝上帝創造了這神奇的山竹果。（美國）黛安娜・伊利斯」（未完）

「一個月前我開始喝山竹果汁，自第三天開始，就不再有大腸激躁症發生過，睡眠變得好，精力充沛，也不再感到消沉，所有藥都停了。」

山竹汁加益生菌改善排便

原來早在明朝，山竹果已被名醫李時珍收錄在《本草綱目》中，在我國的食療史中有着重要地位。

古時的醫生不論中外都注重食物對健康的無可替代地位，中醫的藥方比較簡單，只是到了現代，藥方才愈來愈複雜，西藥早就完全代替了食療，價錢也愈來愈貴，食療被認為是不嚴肅的改善健康管道。

自從我在專欄中提倡食療，這幾年來與讀者的互動中，愈來愈多人反映，食療為健康帶來改善，也紛紛分享食療的經驗，啟發更多人為自己開發健康新管道。食療的趨勢在世界上也重新開始為大眾所接受，終有一天，病人會以不斷的成果反過來啟發主流醫學使用食療去填補醫藥的空白。現在不少國家的政府都要面對愈來愈昂貴的醫療保費問題，認真去了解食療，而且有制度地推行，將能有效地紓緩嚴重的經濟負擔，大眾的健康也能有效地改善。

腸激症

「山竹果汁對便秘及腹瀉，兩種完全不同的徵狀都有效果，是很特殊的現象。有些平時排便很多次、一吃過飯就排便的人，會被改變為排便次數減少。」

根據王醫師的體驗與觀察：「山竹果汁對便秘及腹瀉，兩種完全不同的徵狀都有效果，是很特殊的現象。有些平時排便很多次、一吃過飯就排便的人，會被改變為排便次數減少。有些本來兩天才排便一次，喝果汁後變成一天固定一至兩次，不再像以前一樣每天多次。原先習慣性便秘者會變得排便順暢且固定，推想這是一種腸道的調整現象，山竹果汁會讓排便習慣趨於平衡適中。」

但是山竹果汁不可以代替益生菌，山竹果中的氧雜蒽酮（Xanthones）為腸道中益生菌的存活創造了健康的環境，但由於現代社會的飲食與烹飪不負責任地多元化，益生菌還是需要經常補充。（未完）

西藥治腸激症效用低

小H有嚴重的腸激症，我建議她服用山竹汁、亞麻籽油和蒜頭水。

兩星期後她來信道：「多謝你的方法，我已開始飲用山竹汁和亞麻籽油（每天一湯匙），每日大便的次數多了。不過飲用蒜頭水後就有點胃痛，不知是否與空肚飲有關係呢？」

答：「蒜頭水要加入一百至二百毫升溫水飲用，開始時候飲半湯匙蒜頭水，之後可以逐漸加到一湯匙。有腸道問題的人，特別是OL，很多人會有念珠菌，蒜頭水是治念珠菌的高手，故可以逐漸加大蒜頭水的分量。」

問：「另外，我每天早上開始用油拔法，不知是否因這個關係，我每天也能吐出很多在鼻子裏倒流出來的鼻水和痰，這是好事嗎？」

答：「當然是很好的反應，要繼續。」

小H雖然只得二十八歲，但大概二十多年來從來沒有照顧過好自己的身體，其實很多人的病根是在三十歲之前種下的，原因是飲食太亂、愛喝凍飲、晚睡、不做運動之類。譬如根據這位小姐的來往電郵，我注意到都是半夜十一點以後寫的，有時甚至是一點以後，這樣會令身體長期處於亞健康狀態。

經常肚子痛、便秘或者拉肚子，又或者在底褲上留下很臭的液體、不正常地肚脹、放屁，甚至大便失禁，是腸激症（腸漏症）的徵狀，西醫會

其實很多人的病根是在三十歲之前種下的，原因是飲食太亂、愛喝凍飲、晚睡、不做運動之類。

先按照診斷大腸癌的方法做一系列測試，確診是腸激症後，會開一些治標不治本的藥。這次讀者用食療實戰腸激症，有可能改善嗎？又過了一個多月以後……（未完）

四招打倒腸激症

實戰腸激症（腸漏症）的食療包括亞麻籽油。亞麻籽油含有豐富的Omega-3，這是減輕腸道發炎的重要食物，亞麻籽油本身對腸激症可能不起治療作用，但對改善整體健康，令這個惱人的病斷尾起重要作用。

小H在服用食療後，又過了一兩個月。

小H：「嚴Sir，我每日都堅持飲用山竹汁和亞麻籽油，腸胃好似好了起來！蒜頭水我每日早上飲杯暖水後再飲用，胃也好似好好多了！」

「蒜頭水應該加到少量暖水中喝。至於山竹汁的分量，根據實戰分享，最有效的方法是每天三次，每次三十毫升（一個水杯是二百五十毫升）。」

我回覆道：「蒜頭水應該加到少量暖水中喝。至於山竹汁的分量，根據實戰分享，最有效的方法是每天三次，每次三十毫升（一個水杯是二百五十毫升）。所以這個食療是：一、山竹汁每天三次，每次三十毫升。建議用有機山竹汁，食療主義有售。

「二、每天飲用一湯匙（十五毫升）亞麻籽油，隨餐服用，可以從半湯匙開始，三天後再增加。我自己的方法是把亞麻籽油加在山竹汁中喝掉。如果山竹汁從冰箱中取出，應該先加入少量溫水，方法是把溫水先調好溫度，再加進山竹汁，不可以直接把滾水加到果汁中，加入溫水後再加入亞麻籽油，然後喝掉，早上起來空腹喝。另外兩次山竹汁在兩餐前喝，毋須加入亞麻籽油。

「三、益生菌，服用C字頭的一種，在飯後服用；四、蒜頭水，從半湯匙開始，早上加在少量溫水中服用。可以在服用山竹汁後服用蒜頭水。」

（注意：腸激症患者需要終身嚴格注意飲食與休息，刺激腸道的結果就是腸激症。）

腸激症

腸有毒，青筋鼓脹

有留意過自己身上的青筋嗎？手背上、手心上，還有眼袋、額頭、鼻樑、小腿……全身都有。有人青筋畢露，但除了運動員或長期從事體力勞動的人，或喝酒後，或者有的男士本身的血管比較粗大之外，青筋畢露是健康不正常的徵狀。

青筋其實是靜脈血管，功用是把血液輸送回心臟。根據中醫的說法，靜脈血管異常鼓脹是人體痰、濕、瘀、毒等積滯的反應。根據專家的說法，靜脈血管異常鼓暴的主要原因，竟是腸道的毒素沒有及時排出，造成中醫說的以上幾種徵狀！

身體廢物積聚，血不乾淨，與腸道健康有絕對關係，自由基、血脂高、血脂引起的膽固醇升高、宿便、尿酸、乳酸、水腫瘀血，這些是人體內最常見的七種毒素，儘管毒素的來源很多，但其中九成是來自我們每天都會吃的

靜脈血管異常鼓暴的主要原因，竟是腸道的毒素沒有及時排出，造成中醫說的幾種徵狀！

食物，包括市面上流行的氫化油，而身體的毒素有百分之八十藏在腸道中，因此清理腸道是排毒工作中最重要的部分。我常說，人體大部分的病都是來自腸道，即使很多病表面上與腸道沒關係，但改善腸道健康後大部分的病就能改善，或根本不容易患病。

不同身體部位的青筋代表不同的健康問題，或者健康有隱憂，先說手部青筋。當手背青筋異常鼓暴，代表腰背部有瘀血，有瘀血不一定曾經摔傷，更多來自毒素積累，中醫有一種放血治療就是基於這個原理。腰部有瘀血容易導致腰積勞損、疲勞乏力，常見腰痠背痛，甚至出現肌肉緊張、硬結節。

（未完）

觀察青筋了解病情

觀察青筋以了解病情的做法國內外皆有，不過，不可以代替醫院的正規檢查，只是提高大家對健康的意識。

首先看手部青筋：一、手指背面的青筋呈黑色，表示有頸椎肥大症或者腰椎病；二、手指關節處青筋凸起，表示腸胃功能欠佳、腹脹痛、口臭；三、拇指指掌關節橫紋有青筋凸起、扭曲，提示心臟冠狀動脈硬化；紫黑色則是冠心病發作；四、生命線附近有青筋，多見於肝膽功能代謝有問題，容易口苦口乾、煩躁、胸悶、肝病等。五、虎口生命線起端有青筋，女士月經前後有乳房脹痛問題；六、食指指掌橫紋有青筋，提示容易左側肩周炎；小指指掌橫紋有青筋，提示容易右側肩周炎；七、中指指掌關節橫紋有青筋凸起、扭曲、紫黑，提示腦動脈硬化；八、手掌到處有青筋，表示胃腸積滯、血脂高、血黏稠、血壓高、血液酸性高、含氧量低、血液容易凝聚積滯，容易出現頭暈、頭痛、疲倦乏力、身體虛弱等。

頭部青筋：一、太陽穴青筋凸起扭曲時，表示有頭痛、頭暈迹象；紫黑時，表示有腦動脈硬化，容易中風；二、額頭有青筋，提示長期勞心勞力，工作壓力或心情壓力大，可能患有甲狀腺機能亢進、糖尿病；三、鼻樑有青筋，提示腸胃積滯，容易胃痛、腹脹、消化不良、大便不利；紫色時顯示情況嚴重；四、眼袋有青筋，俗語有云：「脾虛眼袋大，腎虛眼袋黑」，眼袋有青筋提示或有婦科病，月經不調；五、嘴角腮下有青筋，往往提示婦科疾

首先看手部青筋：一、手指背面的青筋呈黑色，表示有頸椎肥大症或者腰椎病；二、手指關節處青筋凸起，表示腸胃功能欠佳、腹脹痛、口臭……

病、濕重、疲倦乏力、腰膝痠軟、下肢風濕。（未完）

舌下青筋與心臟病

身上的青筋代表身體某個器官有健康問題，但這些資料不可以代替正規醫院檢查。

頭部青筋出現在下頷，表示患有風濕病或者下肢疾病。舌下青筋凸起，相應於人心臟的冠狀動脈，表示要注意心臟病、心肌勞損。如果舌下青筋凸起，再加上扭曲、顏色紫暗，表示要注意患上冠心病的可能。

身體上的青筋，若出現異常深顏色或者鼓脹，說明相對的器官有健康隱憂：一、胸腹部現青筋，要多注意乳腺增生，經期來時乳房脹痛，或者情志抑鬱；二、腹部現青筋，俗話說「青筋過肚」，是血管已有比較嚴重的瘀血

身體上的青筋，若出現異常深顏色或者鼓脹，說明相對的器官有健康隱憂。

積滯，或有肝硬化、腹水，腫瘤已到後期。腹部青筋往往顯示身體有比較難治的疾病；三、肩部現青筋，容易發生肩周炎，而且特別難治。

很多人的下肢也有青筋：一、膝部青筋提示膝關節腫大、有風濕關節炎；二、小腿有青筋，是靜脈曲張，嚴重者會發展為腰腿疾病、風濕關節痛。長時間站立、坐着不動、經常走長路者（如登山旅行家），或者激烈運動後身體很熱馬上走去洗個冷水浴，都有可能導致小腿靜脈曲張。如果因為是受運動後馬上洗冷水浴的影響，令寒風入骨致傷筋，久積成疾的結果，有可能影響血壓，使高血壓難以下降。

導致青筋凸起有多過一個原因，前文説過，根據專家的意見，主要原因是腸道毒素沒有及時排出，造成血不乾淨，青筋實是靜脈血管，功用是把血液送回心臟，由於血液關乎整體健康，為腸道排毒成為一個重要工作。下文講具體的食療。（未完）

不吃肉要多吃豆

腸道中的毒素主要來源自含蛋白質的食物，這樣的話，是否不吃含蛋白質食物就可以解決問題？

如果人體沒有蛋白質就沒有生命。蛋白質又分為完全蛋白質和不完全蛋白質，富含必需氨基酸。品質優良的蛋白質統稱完全蛋白質，如奶、蛋、魚、肉類等屬於完全蛋白質，植物中的鷹嘴豆與黃豆亦含有完全蛋白質。缺乏必需氨基酸或含量很少的蛋白質，稱不完全蛋白質，如穀、麥類、玉米所含的蛋白質和動物皮骨中的明膠等。

完全素食的人，腸道中的毒素會相對少，但必須每天吃各種豆類，譬如雜豆飯、雜豆粥，缺乏蛋白質的人身體不會好，永遠處於亞健康狀態。

蛋白質在胃液消化酶作用下，初步水解，在小腸中完成整個消化吸收過程，當腸道不健康或者老化，胃液消化酶的分量和濃度減少，整體健康便會

完全素食的人，腸道中的毒素會相對少，但必須每天吃各種豆類，譬如雜豆飯、雜豆粥，缺乏蛋白質的人身體不會好，永遠處於亞健康狀態。

日漸衰退。

蛋白質如果攝取過量的話，也會在體內轉化成脂肪，造成脂肪堆積，也造成毒素，這是現代人的通病，排毒成為必須的舉措。不久前我介紹的山竹汁含有氧雜蒽酮（Xanthones），針對便秘和腹瀉這兩種完全不同的徵狀都有效果，是很特殊的現象。

現在介紹的木瓜素含有Papain，針對性地分解和消化蛋白質，不僅可分解蛋白質、糖類，更可以分解脂肪，通過分解脂肪能去除贅肉，縮小肥大細胞，促進新陳代謝，及時把多餘脂肪排出體外。同時優良的木瓜素能消化蛋白質，有利於人體消化和吸收。脂肪容易堆積在下半身，木瓜素讓腹部多餘的脂肪慢慢消失，令身材變得苗條起來。（未完）

木瓜素清腸道

我們的基因決定無法離開含蛋白質的食物，但過多的蛋白質卻是現代流行病的起因，譬如糖尿病、心臟病、中風、腸漏症、腎病等等。腎臟需要過濾食物中的蛋白質，分解蛋白質時會產生大量氮素，這樣會增加腎臟的負擔。

當動物性蛋白攝入過多，脂肪和膽固醇必然爆棚；同時，當蛋白質過多，腎需要不斷把蛋白質分解為氮，然後由尿排出體外，這個過程需要大量水份，從而加重了腎臟的負荷，若腎功能本來就不好，則危害更大。

過多的動物蛋白攝入，也造成含硫氨基酸攝入過多，加速骨骼中鈣質大量流失，產生骨質疏鬆。有人以為補充含鈣的奶粉可以預防骨質疏鬆，如果平時飲食中已是肉多菜少，又或本來就有消化蛋白質的問題，首先要為身體做的不是補，而是消化和排洩，沒道理再補充動物蛋白質，加重身體的負擔。

如果平時飲食中已是肉多菜少，又或本來就有消化蛋白質的問題，首先要為身體做的不是補，而是消化和排洩，沒道理再補充動物蛋白質，加重身體的負擔。

我國最早的中藥炮製學專著《雷公炮炙論》中，就有關於木瓜功效的論述：「調營衛，助穀氣。」李時珍《本草綱目》中論述：木瓜性溫味酸，平肝和胃，舒筋絡，活筋骨，降血壓。在歐洲，布緯博士主張在服用布緯食療前或任何正餐前，飲用天然木瓜素或酸椰菜汁以幫助消化，她還親自研發有機木瓜和蘋果製成的木瓜素。

她研發的這種木瓜素包括了木瓜的各部位，除了果肉還有皮和籽，不怕被胃酸（酸性）和小腸（鹼性）破壞，能有效分解排出過量的脂肪和蛋白質，也將蛋白質很快轉化為氨基酸，使身體易吸收。

（有需要請諮詢食療主義，電話：2690 3128）（未完）

老父肌肉因何萎縮

中秋節那天，朋友問：老父親日漸消瘦，肌肉逐漸萎縮，但醫生從正規檢查中找不到包括直腸癌在內的任何毛病。

這是因為通常年紀大了以後，消化系統開始老化，無法消化蛋白質，沒有蛋白質供應的身體，肌肉一天比一天少，身體一天比一天差。

蛋白質是構成人體組織器官的支架和主要物質，成年人缺乏蛋白質，症狀是肌肉消瘦、免疫力下降、貧血，嚴重者則水腫；未成年者則生長發育停滯、貧血、智力發育差、視覺差。蛋白質過量一樣是災難，蛋白質多了身體無法代謝和吸收，譬如糖尿病就是這種狀況，吃得很多，但其實一直缺乏營養。當過量攝入蛋白質而又無法代謝，還會產生蛋白質中毒甚至死亡。

我建議這位朋友，既然醫生說父親身體沒有病，應該集中改善他的消化系統，可以考慮帶老父去食療主義做一個生物共振測試，度身訂造一套食療。

蛋白質的主要來源是肉、蛋、奶和豆類食品，一般而言，來自動物的蛋白質有較高的品質，含有充足的必需氨基酸。以下這句話是針對素食者說的：必需氨基酸約有八種，無法由人體自行合成，必須由食物中攝取。若是體內有一種必需氨基酸存量不足，就無法合成充分的蛋白質供給身體各組織使用，其他過剩的蛋白質也會被身體代謝而浪費掉；但來自植物性的蛋白質通常會有一至兩種必需氨基酸含量不足，所以素食者需要攝取多樣化的食物，從各種組合中獲得足夠的必需氨基酸。（未完）

蛋白質過量一樣是災難，蛋白質多了身體無法代謝和吸收，譬如糖尿病就是這種狀況，吃得很多，但其實一直缺乏營養。

一招改善消化

人無法離開蛋白質，每天都需要補充蛋白質，但不少人每天吃肉也無法吸收蛋白質，主要問題是腸胃衰弱，上年紀的人和年紀不大的人都有這個問題。這是甚麼原因？

這些人消瘦、臉色青黃、肌肉少沒彈性、皮膚暗啞、容易有濕疹、鼻敏感、怕冷、肢體發麻……如果去檢查，又查不出甚麼病。

排便不正常的人通常容易有濕疹，但這部分人即使排便正常，飲食健康，平時早睡早起、有運動，也早已戒掉冷飲，還是無法讓自己豐潤起來。即使濕疹已有明顯改善，也無法斷尾。

腸胃衰弱與排便是否正常似乎沒有直接關係，讀者中有無法消化蛋白質的問題，但因為每天服用布緯食療和益生菌、蒜頭水，飲食和生活也很健康，排便一樣可以很正常，只是蛋白質在胃中無法正常消化吸引，以致被當成廢

當胃腸衰弱，胃液消化酶的分量和濃度減少，大部分蛋白質無法被消化，被當成廢物排出體外，身體缺少蛋白質而長期處於營養不良狀態，這時候就要及時補充專門消化蛋白質的木瓜素了。

物排出體外。

前文說過：「蛋白質在胃液消化酶的作用下，初步水解，在小腸中完成整個消化吸收過程……」但當胃腸衰弱，胃液消化酶的分量和濃度減少，大部分蛋白質無法被消化，被當成廢物排出體外，身體缺少蛋白質而長期處於營養不良狀態，以上說的徵狀就會出現，這時候就要及時補充專門消化蛋白質的木瓜素了。「食療主義」找來的木瓜素是布緯博士親自研發的。這種木瓜素包括了木瓜肉、皮和籽，不怕被胃酸（酸性）和小腸（鹼性）破壞，有效分解並排出過量的脂肪和蛋白質，也將蛋白質很快轉化為氨基酸，使身體容易吸收。

那麼，蛋白質的最佳來源是甚麼食物呢？（未完）

最完美的全營養食品

蛋白質只可以從食物中補充，吃甚麼食物最好？

蛋白質

不同的食物產生不同級別的蛋白質，應該補充優質食物，一般來說，魚蝦、海參類蛋白質比肉類好；肉類中的白肉比紅肉好，白肉包括雞和鴨，紅肉泛指牛羊豬等。盡量吃有機肉類，避免人工餵養有激素的肉類，盡量多吃雜豆，銀髮族和有蛋白質消化問題的人，應該多吃豆類代替肉類，以鷹嘴豆和黃豆為主。雞蛋和布緯食療都含有優質蛋白質。

我曾介紹過的藜麥，已被聯合國證實含有完整蛋白質。藜麥原產於南美洲安第斯山區，有五千至七千多年種植歷史，主要有白、黑、紅幾種顏色，營養成分相差不大。聯合國糧農組織認為藜麥是唯一一種單體植物即可基本滿足人體基本營養需求的食物，正式推薦藜麥為最適宜人類的完美全營養食品。

在八十年代，NASA（美國國家航空航天局）重新發現藜麥，證實它的全面營養在植物和動物王國裏幾乎無與匹敵，蛋白質、礦物質、氨基酸、纖維素、維生素等微量元素含量，都高於普通食物，「與人類生命活動的基本物質需求完美匹配，對長期在太空中飛行的宇航員來說不僅僅是健康食品，更是安全的食物。」

藜麥容易消化吸收，是胃腸衰弱一群的重要食物，全素食者更必須每天吃，藜麥可說是「素食之王」

藜麥容易消化吸收，是胃腸衰弱一群的重要食物，全素食者更必須每天吃，藜麥可說是「素食之王」。有需要人士請諮詢食療主義，2690 3128。（未完）

調理腸胃

一個成年男人每天需要大概七十五克蛋白質，女性六十五克，已能基本滿足身體的需要。問題是，這些蛋白質代表多少食物？

一塊撲克牌大小煮熟的瘦肉，含三十至三十五克的蛋白質。一杯（電飯煲用的杯）未經烹飪的藜麥含二十五克完全蛋白質。半杯各式豆類約含有六至八克。兩隻雞蛋含十四克。（以下以一百克為單位）一塊未經烹飪的魚約含十八克（一隻雞蛋大概重五十克，一百克的魚大概是兩隻雞蛋的重量）。雞翅含十九克。雞肉含二十五克。海參含十六點五克，和海蝦差不多。所以，

蛋白質

一天吃兩塊魚，或一塊像撲克牌大小的肉，或者三隻雞蛋重的雞肉，一杯藜麥，一些豆，加上少量蔬菜水果，就可以得到大約六十至七十克的蛋白質，甚至足夠一個體重六十公斤的長跑選手所需。

一天吃兩塊魚，或一塊像撲克牌大小的肉，或者三隻雞蛋重的雞肉，一杯藜麥，一些豆，加上少量蔬菜水果，就可以得到大約六十至七十克的蛋白質，甚至足夠一個體重六十公斤的長跑選手所需。

腸胃衰弱者應添加營養補充品，否則吃下去的食物蛋白質無法被正常吸收，或者廢物無法正常排出體外。首先起床必須喝一杯溫水，以後大概一覺得口有點乾就立即喝水，不要等不要忍，每次小半杯，以確保身體有足夠水份幫你清洗血液和器官，這是所有食療的基礎。

方法：一、起床後空腹喝一杯溫水，然後喝溫水稀釋的蒜頭水，從半湯匙開始；二、飯前二十分鐘服用木瓜素七十五毫升。如果從雪櫃中取出，要加入少量溫水，不可以喝熱的，只要不冰冷就可以了；三、飯後服用益生菌，用C字開頭或者D字開頭的一種。最好先在食療主義做一個食物不耐受測試。加強版：在調好溫度的木瓜素中加入一湯匙亞麻籽油，一天一次就夠。

按照以上的方法安排一天飲食，你想減肥、想加磅，都容易達到目標。

（未完）

如果你長期肚瀉／便秘

在甚麼情況下腸胃會加速衰敗，以致銀髮族、甚至年輕人也有嚴重的消化和排洩問題？

一、飲水不夠、食物太多、長期吃加工食物、垃圾食物、燒烤、煎炸食物、冷飲、汽水、太多啤酒、烈酒、刺激性食物、缺少運動、晚餐吃太多、宵夜、匆匆忙忙狼吞虎嚥；二、太多肉類、缺少蔬果；三、麥類食品中的麩質、奶製品中的酪蛋白。這一種情況也是引起多動症／自閉症的主要原因。

以上三種情況都會引起便秘或者腸漏症（又叫腸激症，經常性肚瀉），之前已經詳細討論過，也提供了改善的食療和方法。

這幾篇文章連續講改善腸胃衰弱的飲食方法，其中的木瓜素專長分解肉類蛋白質，加速肉類的消化過程，也幫助消化麩質和酪蛋白，要在飯前二十分鐘服用。如果有腸漏症，建議用山竹汁、加益生菌、加亞麻籽油，有需要

木瓜有健脾胃、助消化、通便、清暑解渴、解酒毒、降血壓、解毒消腫、通乳、驅蟲等功效。

了解服用方法的人請諮詢「食療主義」。天然食品如果性質相同，同時混合服用會產生協同效應，食療效果成倍數增加。無論用哪一種果汁，都需要按照前文中建議的方法才能發揮最大的功用。

胃蛋白酶由胰臟生產，根據專家的意見，木瓜素是最接近胃蛋白酶的天然食物。木瓜素要餐前二十分鐘服用，才能發揮最大作用，除了消化功能，還可以抗菌消炎、殺死胃腸中的寄生蟲。優質的木瓜素有幫助傷口癒合的功能，可能對糖尿病引起的傷口潰爛特別有幫助。木瓜中具有阻止人體致癌物質亞硝胺合成的本領，而未成熟的青木瓜比成熟的木瓜含更高的食療效果。木瓜有健脾胃、助消化、通便、清暑解渴、解酒毒、降血壓、解毒消腫、通乳、驅蟲等功效。香港的郊區傳統出產上好的木瓜，但從來得不到重視。（未完）

無蛋白質，無康健美

無法吸收蛋白質，生命便沒有質量。從外表看，皮膚因為缺少膠原蛋白而枯萎皺巴巴，肌肉靠蛋白質支撐，無法吸收蛋白質，會引致肌肉消失、皮膚病、骨瘦如柴、臉色萎黃，骨頭比薯片還要脆。「人老珠黃」此話就是這樣來的。

但人老未必一定珠黃，相反年輕人也一樣會；有些人年紀大後會萎縮變矮，有些人不會。以上全都與食物種類，及消化系統是否健康有關，具體來說，與是否有能力消化、吸收、代謝蛋白質有關。骨質疏鬆不是單純缺少鈣的問題。

我們把蛋白質問題再講得清楚一點，本文還是針對腸胃衰弱的人、希望少吃肉的人和完全素食者，還有就是想減肥的人。

肉吃少了，甚至不吃，是否會出現蛋白質缺乏症，以致流失肌肉、皮膚

肉吃少了，甚至不吃，是否會出現蛋白質缺乏症，以致流失肌肉、皮膚萎黃、骨瘦如柴？這首先決定於你吃甚麼食物。

萎黃、骨瘦如柴？這首先決定於你吃甚麼食物。

德國素食大力士Patrik Baboumian，負重五百五十公斤走了十米路，打破該項賽事的紀錄，他邊走還邊喊：「素食萬歲！」他是Vegan，意思是全素食者，連蛋、奶和任何來自動物的食物也不吃。

在介紹具體的食物以前，先講一個身體的密碼：我們的飲食需要碳水化合物，即米、麥、蔬菜、水果一類的食物，但米、麥一類的澱粉往往是肥胖的原因，於是有人說：「我準備完全戒除碳水化合物。」這樣的結果是引致血糖低，血糖低的結果是容易餓，結果變成吃更多零食。（未完）

健康地瘦好簡單！

廣東式飲茶，食物包括蝦餃、燒賣、叉燒包、牛肉球、腸粉等，都是我們從小吃到大的食物。這種食物結構提供了大量脂肪，但由於缺少飯、麵、蔬菜、水果一類的碳水化合物，身體要過很久才會感到飽，所以吃肉類食物會愈食愈多，譬如吃肥牛火鍋，怎樣吃都好像吃不夠。

碳水化合物能快速供給能量，使身體容易感到飽，而脂肪能夠減緩身體吸收碳水化合物的速度，兩者的相互作用給身體帶來持續的能量，這是身體的秘密！所以，減肥的人需要碳水化合物，問題是要挑選合適的碳水化合物，否則餐餐一碗麵，一碗飯，即使吃全素，肚子也永遠減不下去。

甚麼是最好的碳水化合物食物來源？藜麥！前文已講過藜麥的重要和好處。藜麥看起來像大米，煮熟後也像穀物，但其實它是種子，如果沒有被採摘，可以長成綠葉蔬菜。這種超級食物含有完全的蛋白質，百分之九十是人

蛋白質

一杯未經烹煮的藜麥能提供二十四克完全蛋白質，藜麥也是碳水化合物的主要來源，能讓你在長時間高強度活動中保持能量。

體所需但又不能自我生產的氨基酸。一杯未經烹煮的藜麥能提供二十四克完全蛋白質，藜麥也是碳水化合物的主要來源，能讓你在長時間高強度活動中保持能量。「食療主義」營養師Ruth的老公是瑜伽教練，她傳短訊給我：「我每天早上都要煮藜麥給老公吃，如果家中忘了買藜麥，三天不吃，他說做瑜伽沒有氣力，他發現在體能上藜麥給他很多能量。」

有人用藜麥來代替主食，或加入沙律，我用藜麥代替普通的米和麵，當正餐吃。甚麼是藜麥？怎樣吃才是好吃？（待續）

藜麥與小米雙劍合璧

藜麥可以用電飯煲煮，將藜麥和小米按大約二比一的比例混合成一杯（也可按自己的喜好加入糙米或其他雜糧，但以藜麥為主）。

藜麥和小米都是種子，最好先浸泡一至兩小時，啟動種子中的營養，然後將浸泡的水倒掉。另加三杯水，用電飯煲煮飯的功能煮，因為藜麥和小米很易煮熟，如果用電飯煲煮粥的程式則會煮太久，用煮飯的時間便剛剛好。我們平時習慣吃飯、吃粥，但藜麥沒有黏性，不會像米一樣黏口，加上小米後，口感會好一點。小米是補脾胃的聖品，我特別推薦大家每天都吃。

上面這個粥如果用明火煮，大概十至十五分鐘即可，藜麥爆開外皮就可以吃了。

除了營養價值要高，味道同樣很重要，養生不是虐待自己。藜麥和小米粥煮好後，保存在玻璃盒中放在冰箱，吃時再加熱，不需要每次花時間做。我會在吃前用油拌熟一隻番茄攪拌在一碗粥中，再加入一湯匙椰子油，加一點鹽，這樣已經很好吃，營養價值也非常高，還有減肥功效。

加強版：「食療主義」有一種有機的冷榨黑芝麻醬，加入一茶匙，除了提升味道，還可大大提高營養價值。黑芝麻補腎、養顏，有黑鬚、髮功用，還有很重要的一點——有明顯的潤腸作用，能改善排便。我自己會在一碗粥中加一湯匙椰子油，一茶匙黑芝麻醬，如果吃兩碗就重複以上的內容。

長期這樣吃，本來的膝蓋痛不知不覺消失了，這是因為椰子油有消炎作

長期這樣吃，本來的膝蓋痛不知不覺消失了，這是因為椰子油有消炎作用，而藜麥和小米有排濕作用。

用，而藜麥和小米有排濕作用。我用這個食療代替米飯和麵食，兩三個星期後臉不再水腫，肚腩明顯縮小，這是因為椰子油和藜麥、小米、黑芝麻都含有植物固醇，是消滅脂肪和不良膽固醇的高手。（未完）

堅果能量球

專家指出，蛋白質（非肉類中的豆類和藜麥含量極其豐富）、脂肪（椰子油可以代替肉類中的飽和脂肪，亞麻籽油可以代替魚類中的Omega-3）、碳水化合物（蔬菜水果）的比例維持在三十比三十比四十，便能夠讓你輕鬆達成健身、養生和改善健康的目標。

這三大類食物，缺少任何一類都會影響身體運作，包括皮膚病，以及無法維持大腦功能。全素食者尤其要注意蛋白質的來源，以下的非肉類食物提供豐富蛋白質，對肌肉增長或者不讓肌肉流失極為有益。流失肌肉很可怕，皮包骨是小事，嚴重的甚至會影響大腦和心臟無法正常運作。

有人對堅果過敏，或者對某種堅果不耐受，譬如巴西堅果，不知道為甚麼很多亞洲人對這種營養豐富的堅果不耐受，包括我自己。可以的話去「食療主義」做個食物測試就最徹底，如果沒有這個問題，建議每一頓飯都加入堅果。

堅果可以隨時吃，也可以變方法吃，網上流行一個「堅果能量球」，用各種堅果混合在一起，種類愈多愈好。方法：一、將全部堅果用清水浸泡六小時左右；二、用攪拌機把浸泡好的堅果攪碎，瀝乾水；三、把攪碎後的堅果放入大碟中，再放入適量蜂蜜、黑糖、肉桂粉拌勻；四、平鋪在烤盤上，用烤箱烤（二百度）烤一至二小時左右，使蜂蜜和黑糖變成黏稠；五、拿出來降溫，揉成小球便完成了，可以用保鮮膜隔手，以防止黏手。在冰箱裏可保存一個星期。（未完）

堅果可以隨時吃，也可以變方法吃，網上流行一個「堅果能量球」，用各種堅果混合在一起，種類愈多愈好。

每天吃二十五粒杏仁

杏仁是國際營養專家都推薦的零食，特別是全素食者，應該每天都吃一小把。不少人年紀大以後容易摔跤，這是肌肉流失的徵狀，杏仁有明顯的修復作用。

根據美國《Fox News》二零一三年十月十七日的報道：「杏仁是維生素E的最佳食物來源之一，可防止肌肉拉傷後自由基對肌肉的損傷，加快肌肉恢復。」根據這篇報道，維生素E的抗氧化作用還有助皮膚避免曬傷，更重要的一點是：「可以預防認知能力減退，保護記憶力。」有這個需要的人不可不知道。

每天吃不少於二十五粒杏仁，可以滿足維生素B_2日攝入量的百分之十七，維生素B_2有助於將食物轉化為肌肉能量，還有益皮膚和保持肝臟健康。杏仁還有減肥功能，因為杏仁會阻礙脂肪酶接觸脂肪，減少對脂肪的消

杏仁是營養庫，鈣、鎂和鉀等礦物質含量豐富，有助增強骨骼健康，預防骨質疏鬆，其中的合成營養對男女都非常重要。

化吸收，降低「壞膽固醇」（LDL）水準，降低心臟病發作的危險。

杏仁是營養庫，鈣、鎂和鉀等礦物質含量豐富，有助增強骨骼健康，預防骨質疏鬆，其中的合成營養對男女都非常重要。本文中的杏仁指美國杏仁，又叫甜杏仁。中國杏仁帶苦味，一般用於調味或製成杏仁露，其實含營養更多，但不可以多吃。

秋冬天，很多人皮膚搔癢，以下這個食療可保養乾燥的肌膚——杏仁雪梨茶。製法：雪梨汁一杯，加入杏仁粉一茶匙，適量蜂蜜，攪拌均勻即可。

（未完）

藜麥為淋巴排毒

吃素的人不能單靠豆腐來攝取蛋白質，不同食物中氨基酸相互補充，可以顯著提高營養價值。

蛋白質

例如穀類蛋白質含賴氨酸較少而含蛋氨酸較多，豆類蛋白質含賴氨酸較多而含蛋氨酸較少，當這兩類蛋白質混合食用時，人體必需的氨基酸便不會缺少。這兩天介紹的堅果是其中一種重要的蛋白質來源，藜麥更是素食者必須每天吃的食物。

有讀者反饋：本來吃布緯食療中的芝士覺得「燥熱」，後來在服用前先喝木瓜素，情況便好了很多。又提供意見說，藜麥不是每個人都適合，她和朋友本來淋巴有問題，吃完後會淋巴痛和腫。這都是不尋常的身體反應，服用食療後有燥熱或者淋巴腫問題，說明消化與排毒系統積聚了中醫說的「熱毒」，如果不及時排除，有可能是腫瘤成因，尤其是淋巴本來就有問題的。

藜麥的確有為淋巴排毒的功能，根據百度資料，缺乏鐵元素不利淋巴發育，也不利排毒，而「藜麥的鐵元素含量很高，是小麥的四倍。鐵元素是人體健康不可缺少的微量元素，食用藜麥可以預防缺鐵性貧血，還有利於淋巴組織的發育和提高對感染的抵抗力……」說明這位讀者和她的朋友都貧血，也影響了淋巴的排毒功能。如果吃了藜麥後淋巴會腫會痛，這是排毒反應，也說明藜麥的確有很高食療功用。建議去食療主義做個測試，如果有重金屬

如果吃了藜麥後淋巴會腫會痛，這是排毒反應，也說明藜麥的確有很高食療功用。

毒，可能需要服用食療主義的天然排毒粉。

素食者應該每天吃含蛋白質豐富的奇亞籽，奇亞籽加蜂蜜是最佳增加營養，同時又是減肥的恩物。奇亞籽和藜麥都是超級食物，有需要可以諮詢食療主義，電話 2690 3128。

腸激、喉痛、高血壓（上）

Yoyo Wong 女士患有嚴重腹瀉超過二十年，引起非常煩惱的生活和社交麻煩，這是典型的腸激症，後來用我介紹的自然方法治好了；她的先生本來有高血壓，也根據我介紹的食療改善了，以下是來信。

非常感謝 Yoyo Wong 女士，您的分享令到更多有需要的人重新獲得健康，您是一位天使。

腸激症

治療腸激症還可以配合用山竹汁和增強腸道健康的蒜頭水。……生物共振配合食療是自然療法的最佳拍檔。

Yoyo Wong：「一直好想分享我輕易治好的腹瀉和喉嚨痛，和我先生用你介紹的天然方法調理高血壓問題的體驗。我有嚴重肚瀉問題已超過二十年！十分可怕，每次出外都擔心得要命，因為一定要能找到洗手間，有時找不到或人多會非常狼狽，這問題給我很大的困擾，試過很多方法都不能改善。

後來看見你介紹『食療主義』的益生菌我便去試，也去做了生物共振測試知道有甚麼應該戒口或少吃，現在已經完全沒有腹瀉的徵狀了，消化很正常；最近在外國個把月吃了很多麵包和麵，也沒腹瀉或出現大問題，只是皮膚癢了一點，但過兩天就好了，現在繼續服用D字的益生菌……」

（嚴浩按：D字的益生菌是瑞典的專利產品，共有四種，保證能達至腸道中，不會被胃酸和膽酸殺死，也根據不同的身體狀況服用不同的字頭，譬如A、B、C之類。治療腸激症還可以配合用山竹汁和增強腸道健康的蒜頭水。至於『生物共振』可以參考我的書《嚴浩秘方治未病》，生物共振配合食療是自然療法的最佳拍檔。）（未完）

腸激、喉痛、高血壓（下）

Yoyo Wong女士患腸激症二十年，也經常喉嚨痛、咳嗽，她來信說從我的文章中得到恢復健康的線索，以下繼續分享她和先生的實戰經驗。

Yoyo Wong：「蕎麥花蜜加黃薑粉，再加上經常嚼甘草，不但幫到我的喉嚨痛，連咳嗽都治好了，自此不再需要用醫生的抗生素……」

我曾經寫過，一天嚼五、六片甘草可以治喉嚨發炎、咳嗽、還可以化痰；蕎麥花蜜味道有點大，但根據多國研究，是治療咳嗽和哮喘的高手，根據這些研究，我努力把蕎麥花蜜引進香港，在這以前，本地從來沒有這種以藥用為主的蜂蜜。黃薑粉的好處和服用方法我也經常報道。

Yoyo Wong：「我先生血壓本來偏高，上壓142-150（有時超過150），下壓82-87（也曾超過87），但食用了《嚴浩特選秘方集4》所載治高血壓的食療後，我先生的上壓保持在133-139，下壓也維持在82以下，現在已完全

「蕎麥花蜜加黃薑粉，再加上經常嚼甘草，不但幫到我的喉嚨痛，連咳嗽都治好了，自此不再需要用醫生的抗生素……」

停藥五個月了！他試過書中三個方：一、粟米鬚、鈎藤、陳皮茶。二、淨决明子茶。但對他來説這個最有效：决明子八克、黨參片八克、山楂片十克、綠茶（嚴浩按：譬如桑葉茶、龍井）五克代替茶葉泡茶。靠食療有這麼神奇的效用，很願意分享，希望能幫到其他有需要的人。我每次到『食療主義』都好開心，好像見到老朋友一樣，他們每一位都很好，有新產品就細心又詳細地講解。我試過高、低頻尺、迷你WE能量，還有家用及汽車中用的蜂膠擴散器都非常有用，好多謝！」（筆者提醒：有病應該看醫生）

胃酸倒流秘方（上）

自從人類發現化學以後，意識到化學可以致富，以健康的名義製造出一樣又一樣的藥物去「治療」成因不明的病，當中包括「治療」胃酸過多、胃酸倒流的藥物。

事實上，當你覺得「胃酸過多」，以致胃酸倒流的時候，有可能正是胃酸不足，胃本能攪起有限的胃酸使用，這樣就引起壓力與胃酸倒流。嚴重的時候，胃酸倒流回食道，胃也會抽筋，胃疼就這樣形成。大部分的胃病來自壓力和消化不良，兩種情況都令到身體酸化以致免疫系統失調，這樣的結果，反而使得最需要胃酸去消化時胃酸又出得不夠。這種情況在現代人的飲食和生活狀況中普遍存在。酸化的身體加速細胞衰老病亡、免疫系統崩潰、提早衰老、皮膚和頭髮粗糙或缺光澤、新陳代謝緩慢引起體重也有問題、經常生病、容易患敏感症狀、無法正常吸收營養、無法正常排毒、膽固醇分泌不正常、鈣元素無法正常分配和吸收、缺氧。

讀者中被醫生診斷「胃酸過多」的胃病患者服用「食療主義」的木瓜素後情況改善，因為木瓜素中的木瓜蛋白酶(Papain)最接近胃蛋白酶(Pepsin)，胃蛋白酶與胃酸一同在胃黏膜裏釋放出來消化所有蛋白質特別是肉類，若胃酸不足，胃蛋白酶也會不足。這種簡單有效、對身體沒有任何副作用、可以經常吃以改善消化健康的食物，為甚麼不能進入主流醫藥中？其中的答案，財雄勢大的藥廠心知肚明，它們在半個世紀以前已經有系統、有組織地控制了整個「自由世界」的醫療系統。(胃酸倒流系列．未完)

大部分的胃病來自壓力和消化不良，兩種情況都令到身體酸化以致免疫系統失調，這樣的結果，反而使得最需要胃酸去消化時胃酸又出得不夠。這種情況在現代人的飲食和生活狀況中普遍存在。

胃酸倒流秘方（下）

大概三年半前，二零一二年九月二日，我收到一封讀者來信分享一個改善胃酸倒流的食療，為了考證這個方法的真實性我沒有立即放在專欄中；幾年過去，我在健康方面的知識和食療經驗都積累了不少，可以放心介紹這個方法了。

當時的來信是英語，讀者keung這樣寫：「對不起我不會打中文，有關治療胃酸倒流的食療，可以用一茶匙蘋果醋攪拌在一杯溫水中，每次胃酸倒流發作就喝。我已經用這個方法幫助了二十個同事改善了胃酸倒流，這個方法我是從加拿大學到的。」非常感謝keung的分享，您是一位天使！

我補充一下，使用蘋果醋的分量可以從一茶匙到一湯匙，從少開始，如果少已經有效，就無需增加分量，應該空腹喝。前文介紹的木瓜素怎麼和蘋果醋配合？木瓜素治本，可以長期吃，是最有療效的發酵食物，使胃酸倒流不翻發，在發作時，假如木瓜素還不夠，就加用蘋果醋，胃酸倒流如果是因為胃潰瘍則需要看醫生。讀者中，有服用布緯食療後治好了胃酸倒流的案例，布緯食療是改善免疫系統的上品，服用前二十分鐘先飲木瓜素，是「有病治病，無病養生」的最佳組合，改善健康的效果已經被讀者們在實戰中一再證實，可以參考我的書《嚴選偏方》。對付胃酸倒流最基本的方法是要保持身體弱鹼性以免流失礦物質，可以服用酸鹼調節劑、益生菌，並利用蘋果醋和歐洲特製的蒜頭水幫助殺菌，其中包括念珠菌、胃裏的幽門螺旋菌和大腸惡菌。（胃酸倒流系列．完）

「有關治療胃酸倒流的食療，可以用一茶匙蘋果醋攪拌在一杯溫水中，每次胃酸倒流發作就喝。」

第二章

脫髮夜尿苦　再戰都市病

洋蔥汁治脫髮：半個小洋蔥，攪拌打爛，加入兩湯匙蘆薈膠，再加入一湯匙橄欖油，攪混，先用木梳輕輕梳頭皮五到十分鐘，然後把這個洋蔥蘆薈漿按摩在頭皮上，留三十分鐘再沖洗掉，用稀釋的洗頭水洗掉。

治痔瘡驗方：無花果葉兩塊、梅頭肉二十港元、無花果乾兩粒。一、將兩塊無花果葉洗淨，不要梗，加梅頭肉，剁在一起做肉丸，剩下的梗備用；二、用兩碗清水滾這兩條剩下的葉梗十五至二十分鐘，再放兩粒乾無花果，加進肉丸，滾熟後，吃肉丸，喝湯。

治夜尿秘方：杞子十五至三十克、南棗六至八粒、雞蛋兩隻同煮。等雞蛋熟了以後，剝殼，取蛋再煮片刻，吃蛋飲湯，每日或隔日吃一次。

頭髮怕冷氣又怕太陽

如果掉頭髮的情況嚴重，首先要正視健康狀況：是否有病？有病的話把病治好，頭髮的狀況自然能改善。

頭皮如果有毛囊炎、濕疹之類的皮膚病，使毛髮根基不穩，也容易掉頭髮。維生素與礦物質不足、甲狀腺問題，以及更年期都會帶來脫髮問題。

夏天時，每天洗頭是必須的。冷飲、冰凍啤酒，這類東西不可以喝，突然的低溫會引起頭皮毛囊收縮，容易脫髮，特別在夏天，經常大開的毛囊本來是為了大量排汗。香港的夏天沒有冷氣機很難過日子，但日夜身處冷氣中，毛囊無法正常呼吸，頭髮的水份也會被逐漸抽乾，使髮質變得乾燥、脆弱。

太陽也是頭髮的殺手，夏季陽光猛烈，紫外線直射頭部殺傷毛囊，所以出門要戴帽子。每天都應該在早晨或者傍晚的太陽下散步十五到二十分鐘，

蛋白質對頭髮健康很重要，每天多吃豆類，譬如我介紹過的雜豆粥代替米飯。黑芝麻對頭髮很好。

不要塗任何化粧品，可以用椰子油做防曬或戴帽，這樣對健康非常重要，躺在太陽底下曝曬是自找麻煩，一個夏天過去就有皮膚癌的可能。

蛋白質對頭髮健康很重要，每天多吃豆類，譬如我介紹過的雜豆粥代替米飯。黑芝麻對頭髮很好，「食療主義」有冷榨黑芝麻醬，同類產品以前沒有見過，以前要自己炒芝麻，現在不用了。我自己每天放一茶匙黑芝麻醬加到雜豆粥當早餐，或者晚餐。白色食物，包括白米、白麵、白糖與其產品都對毛髮沒有好處。另外就是泳池漂白水（chlorine），游泳後立即洗髮護髮很重要。（頭髮再生秘方之一）

護理頭髮的聖油

遺傳、內分泌、精神壓力等都有可能導致脫髮，燙髮、染髮、不好的洗頭水、水太燙、洗頭的時候大力抓頭皮……都會造成脫髮。

平時經常用手指或者木梳做頭皮按摩，多吃新鮮蔬菜水果，不要熬夜，避免過度勞累和精神緊張，都有助頭髮健康。黑芝麻，核桃、夏威夷果仁一類堅果對頭髮生長亦有幫助。

經過「食療主義」的生物共振測試，他們可能會建議你補充維生素B_6、維生素B_2，對調節脂肪及脂肪酸的合成、抑制皮脂分泌、刺激毛髮再生，有重要的作用。除了維生素B雜外，也可能需要補充維生素C和鈣。保持愉快心情與充足的睡眠，少吃辛辣刺激和油脂過高的食物，這些都對頭髮健康很重要。

頭髮與指甲是皮膚的一部分，對皮膚好的食物，對頭髮與指甲都好。皮膚的主要成分是膠原蛋白，自然頭髮與指甲也一樣，這一點很少人知道，以為膠原蛋白只對皮膚好。澳洲堅果油（俗稱「夏威夷果仁油」）除了含豐富的Omega-9脂肪酸，還有比較少人熟悉的Omega-7脂肪酸，幫助保濕，對嘴唇、腳踭等乾裂皮膚特別有幫助。

這果仁油也是少數適合高溫煮食的植物油，可惜一直以來都賣得很貴，一直到最近「食療主義」的團隊在澳洲找到一家質量有保證、價錢又公道的生產商，剛好又遇上澳幣滙率低，天時地利促成「食療主義」成功把這個名

平時經常用手指或者木梳做頭皮按摩，多吃新鮮蔬菜水果，不要熬夜，避免過度勞累和精神緊張，都有助頭髮健康。黑芝麻，核桃、夏威夷果仁一類堅果對頭髮生長亦有幫助。

貴的油引進香港大眾的廚房！「食療主義」在佐敦德成街和中環都有分店（電話：2690 3128）。（頭髮再生秘方之二）

洋蔥有助頭髮再生

好的油脂對頭髮的健康生長很關鍵，這些油脂當然不是從垃圾食品中來的反式脂肪。廚房中不可以用超市的所謂化學「精煉油」，要用非化學方法冷榨的好油。

「食療主義」的團隊從澳洲找來可以高溫煮食的澳洲堅果油（Macadamia oil），即俗稱的夏威夷果仁油，其實所謂夏威夷果原產地是澳洲，是當地土人的食物。

要吃含Omega-3的食物，譬如亞麻籽油、魚、蛋等，這些食物能降低身體發炎的風險，也促進頭皮健康。蛋白質對頭髮健康很重要，蛋白質從肉、魚、豆類、奶類中來，一個成年人一天吃的肉大約二到三安士，相等於一碗叉燒飯上的肉。蔬菜與水果的分量約兩碗到三碗。

不吃肉的話，可以用豆類和奶製品代替，但有些人身體無法代謝奶製品，可考慮用植物中來的蛋白質粉攪拌在果汁中（以上的參考資料來自營養師 Sally Kravich）。

國外有一些促進頭髮生長的方法很值得參考，用紅洋蔥頭治脫髮，或者改善髮線退後再生，是西方的民間療法。二零零二年六月美國《皮膚學雜誌》（Journal of Dermatology）刊登了一篇洋蔥幫助頭髮再生的科研報告，肯定了洋蔥治斑禿的效果，證明洋蔥可以幫助頭髮再生，而且成功率高達百分之八十六！（頭髮再生秘方之三）

國外有一些促進頭髮生長的方法很值得參考，用紅洋蔥頭治脫髮，或者改善髮線退後再生，是西方的民間療法。

生頭髮成功率百分之八十六！

斑禿（Alopecia）俗稱「鬼剃頭」，可以出現在頭皮的任何位置。

患者分開兩組，「洋蔥組」有二十三個人，包括十六男和七女，年齡從五歲到四十二歲，平均年齡為二十二點七歲。另一組是對照組，只用清水，有十五個斑禿患者，八男和七女，從三歲到三十五歲，平均年齡為十八點三歲。

洋蔥組一天兩次用洋蔥汁按摩頭皮，清水組一天兩次用清水按摩頭皮，這個實驗為期兩個月。兩星期後，洋蔥組的患者開始長出頭髮，而且是「terminal coarse hairs」，即是已長穩的粗頭髮。

這裏要解釋一下頭髮生長的狀況。一般來說，從再生的毛囊剛長出來的頭髮比較細，但一旦成為粗頭髮以後就站穩了，表示毛囊已開始新生命。第四個星期後，十七個患者頭髮再生，即佔總體的近百分之七十四。第六個星

洋蔥組一天兩次用洋蔥汁按摩頭皮，清水組一天兩次用清水按摩頭皮，兩星期後，洋蔥組的患者開始長出頭髮，而且是已長穩的粗頭髮。

期後，二十個患者頭髮再生已是總體的近百分之八十七，其中男士的成績比女士好，分別是百分之九十三點七和百分之七十一點四。清水對照組中，八個星期過後，只有兩個患者的頭髮長出來。這個實驗的結論是，用生洋蔥汁治斑禿有明顯的效果！

用清水按摩為甚麼也會令一些人的髮囊再生？請注意「按摩」這兩個關鍵字，清水對髮囊再生其實無作用，但按摩很有效，是按摩的功勞！經常用手指和木梳輕梳和按摩頭皮的人，頭髮真的會濃密些，有幾位演員就是經常做這個動作，現在七十歲過了，還是一頭黑烏濃密的頭髮。（頭髮再生秘方之四）

生洋蔥汁加木梳

按西方民間傳統，生洋蔥汁對治掉頭髮與改善髮線後移都有效果，不只是斑禿，但上年紀的效果或會較差，試試也無妨。我國民間有用生薑促進頭髮生長，但似乎沒做過有記錄的實驗。

脫髮

洋蔥汁的做法如下：

這成功的實驗用的是一般洋蔥，但西方民間是用紅洋蔥，或紅蔥頭。中等大小洋蔥一個，攪拌打爛，直接按摩在頭皮上，特別是髮線上、頭頂和兩鬢，停留三十分鐘後再沖洗，用稀釋的洗頭水洗掉。按照這實驗，用洋蔥汁按摩頭皮，一天兩次，也可試隔天一次，後者一星期兩次。更重要的是用洋蔥汁按摩頭皮前，先用木梳輕梳頭皮五到十分鐘。

還有一個方法，半個小洋蔥，攪拌打爛，加入兩湯匙（tablespoons）蘆薈膠，再加入一湯匙橄欖油，攪混，先用木梳輕輕梳頭皮五到十分鐘，然後把這個洋蔥蘆薈漿按摩在頭皮上，留三十分鐘再沖洗掉，用稀釋的洗頭水洗掉。蘆薈可用一湯匙蜂蜜代替。

洋蔥助長頭髮、使白髮變黑，主因洋蔥含豐富硫磺，促進毛囊再生，同時殺滅毛囊中可能存在的菌和寄生蟲，使毛囊不被真菌入侵，防治發炎，防治掉頭髮。（頭髮再生秘方之五）

洋蔥助長頭髮、使白髮變黑，主因洋蔥含豐富硫磺，促進毛囊再生，同時殺滅毛囊中可能存在的菌和寄生蟲，使毛囊不被真菌入侵，防治發炎，防治掉頭髮。

蜂蜜幫助頭髮再生

蜂蜜可以令毛囊健康，因為蜂蜜本身就是潤膚劑。

前文說過，頭髮和指甲其實屬於皮膚一部分，對皮膚好的食物，對毛髮和指甲也有好處。蜂蜜其實是很好的潤髮素，也有強大的天然抗氧化作用，對維護頭皮健康、幫助頭髮再生都有效。蜂蜜高糖，敷在頭皮上時對頭皮有保濕作用，這些特性都能有效防止脫髮，強化毛囊。

蘆薈中的酵素可以直接支援頭髮生長，蘆薈是鹼性，能有效把頭皮的pH值平衡在理想水平，這些特性都有效防止脫髮，幫助頭髮再生。持續使用蘆薈可以改善頭皮癢、改善頭皮發炎與頭皮泛紅，強壯髮根使頭髮有力，也可以消除頭屑。蘆薈和洋蔥汁都能有效幫助頭髮再生，這是西方的民間療法。用蘆薈汁代替洋蔥汁，方法與洋蔥汁一樣。蘆薈汁可能比較寒，如果不怕寒涼，可以每天空腹服用一湯匙蘆薈汁，會對生髮、防脫髮有幫助，如果怕蘆薈寒，可以加一點薑汁。

脫髮

蜂蜜其實是很好的潤髮素，也有強大的天然抗氧化作用，對維護頭皮健康、幫助頭髮再生都有效。

甘草在西方的地位愈來愈高，由於甘草有調節內分泌與鬆弛神經的作用，在防止脫髮、幫助毛囊再生、減少頭屑方面有功效。用一湯匙甘草粉加入一小杯奶，再加入四、五條藏紅花再攪混。睡覺前把這個方劑敷在脫髮、禿的地方，按摩一下，留過夜，第二天早上洗掉，一星期三次。（頭髮再生秘方之六）

甘草和藏紅花養髮

甘草可以改善頭皮毛囊，除了如上文介紹的方法敷在頭皮上，也可以同時用甘草泡水當茶喝，一天六片，或者三包甘草茶（市面上有售）。也可以在每杯甘草茶中放一條藏紅花，但不適合孕婦。

頭髮健康與氣血運行有重要關係，藏紅花活血，所以有幫助，但一天不宜多過三條。一條藏紅花只有剪下來的手指甲那麼細小，不要錯買紅花，紅花很便宜，藏紅花貴，要去信得過的中藥店購買。

改善脫髮的第一步，是用適合的植物油按摩頭皮，這些油包括椰子油、杏仁油、橄欖油等，在頭皮上用指尖輕輕按，不可以前後、左右摩擦頭皮，這樣反而會引致脫髮。

前文中介紹過的種種方法可能適合不同的人，重要的是配合健康飲食，排便有問題的人要先解決腸道問題，便秘、大便長期不成形都會影響毛囊，長期於晚上十一點後仍不睡覺也會影響頭髮生長。如果可以的話去做一個驗血，測試到底對甚麼食物不耐受，然後試試用「食療主義」的生物共振方法做平衡。

最近一班朋友都去做驗血測試，發現大部分人對奶和奶製品不耐受，還有對麥片、一切麥製品包括麵包都不耐受，包括我在內，其實這些食物我都不愛吃，但還是會不耐受，似乎是中國人的體質問題。但並非一成不變，譬如布緯食療，芝士加上亞麻籽油後經過完美混合，服用前先吃補充乳酸菌的酸椰菜汁，便變成沒有食物不耐受問題了，不過這個過程需要「食療主義」的生物共振儀器協助，否則沒有數據可作參考。（食療主義的查詢電話：2690 3128）（頭髮再生秘方之七・完）

改善脫髮的第一步，是用適合的植物油按摩頭皮，這些油包括椰子油、杏仁油、橄欖油等，在頭皮上用指尖輕輕按，不可以前後、左右摩擦頭皮，這樣反而會引致脫髮。

李太實戰治痔瘡驗方

香港天氣濕熱，很多人都有痔瘡問題。有位讀者李太特意把一個治痔瘡的驗方送到「食療主義」，並留言：「想幫助有需要的人。」

一句簡單留言叫人暖在心頭。很感謝李太，你是一位天使。

這個治痔瘡的秘方，基礎在一種很普通的水果——無花果！我做了一些資料考證，原來中外都公認無花果是治療痔瘡的大自然恩物：「無花果具有整腸作用，利通便並且能淨化血液，使污血排出。特別是無花果的葉和果實是治療痔瘡的特效藥。痔瘡可使人每天持續高燒近四十度，肛門周圍腫起來，排便時痛得令人昏過去，而食用無花果便可治癒。」這麼嚴重的痔瘡都可以被無花果治好。

李太提供的實戰案例是這樣的：「患者有嚴重內、外痔瘡，徵狀是大便有血、很痛、坐立不安。服食一次後已感覺徵狀改善，大便中的血少了。服

無花果具有整腸作用，利通便並且能淨化血液，使污血排出。特別是無花果的葉和果實是治療痔瘡的特效藥。

食兩次，大便沒有血了。服食三次，已經沒有疼痛，感覺舒服，覺得好了，開心上班。」

以下是李太的治痔瘡實戰驗方：無花果葉兩塊（有些街市有售，有機農場也有，或者自己種）、梅頭肉二十港元、無花果乾兩粒。

一、將兩塊無花果葉洗淨，不要梗，加梅頭肉，剁在一起做肉丸，剩下的梗備用。

二、用兩碗清水滾這兩條剩下的葉梗十五至二十分鐘，再放兩粒乾無花果，加進肉丸，滾熟後，吃肉丸，喝湯。

這裏指的「剩下的梗」，是把無花果的葉從梗上撕下來後，剩下的一組比較硬的梗，外表好像一條魚骨。如果買不到無花果葉，還有另外一個方法。（上）

無花果加益生菌戰勝痔瘡

中西方都有服用無花果治療痔瘡的案列，吃法大同小異，我篩選了一下，計有以下的做法。

一、用乾無花果三、四粒，熱水沖洗一下，換乾淨熱水泡一個晚上，第二天早上先喝一大杯溫水，空腹吃，也喝掉泡無花果的水，同時再泡三、四粒到晚上吃，連續吃三到四星期。其實很多案例顯示，服用幾天後已經有效。

二、空腹直接連皮吃新鮮無花果（有些超市有新鮮無花果），譬如每頓飯前吃兩粒，關鍵是必須喝足夠的溫水，一天最少八杯。

三、買不到新鮮無花果，也可以用乾無花果先洗一洗，用溫水送服。乾無花果不難吃，我喜歡吃無花果，有時候也買來當零食吃。

四、無花果乾五、六粒和瘦肉一小塊來煮湯，然後喝湯和吃無花果，如果有無花果葉便放兩塊更有效，最好把煮軟的葉子也吃掉。

五、如果買到無花果葉，把葉子撕碎當茶葉泡，喝到沒有味道的時候，

收效後經常吃無花果，痔瘡不會復發，但也要注意飲食，戒食辛辣、油炸等刺激性食物。

把葉子也吃下，這樣既吃無花果又喝無花果茶，見效更快。

六、無花果乾或者加上無花果葉煮水洗痔瘡，很快見效。

根據資料，以上的方法都應該於幾天內見效，收效後經常吃無花果，痔瘡不會復發，但也要注意飲食，戒食辛辣、油炸等刺激性食物，多吃蔬菜水果，每天喝八杯水，避免大便乾燥而加重病情。

對痔瘡有預防作用的食物還有赤小豆、槐花、黑芝麻、豬大腸、羊大腸、核桃肉、竹筍和蜂蜜等。要服用益生菌，益生菌以溶在腸道中的最有效，最好有四種不同的益生菌，適合不同的大便情況，有需要請諮詢食療主義，電話：2690 3128。（下）

治夜尿秘方

杞子南棗煲雞蛋是補陽氣的食物。所謂補陽氣，就是補氣血的意思，男女都需要補氣血，氣血不足的人會失眠、頭暈眼花、心悸、健忘、多夢。

有些人睡眠不好，半夜醒來後便睡不着，夜尿多，轉輾反側，到快天亮的時候反而睡着了，這都是陽氣不足的表現。

陽氣和腎有很大關係，腎虛的人也陽虛，會遺尿、夜尿多、尿後反滴，也有可能遺精、早洩，這個食療也很適合。陽氣不足的人容易感冒，視力衰退、眼澀。貧血也會引起陽氣不足。

針對這些徵狀，這個食療很適合而且有效。自古以來這個食療就對一切消耗性的慢性病有改善功效，其中還包括慢性肝炎、肺結核患者等。杞子南棗煲雞蛋補虛勞、有益氣血、健脾胃、養肝腎。建議有耳鳴的人也可以試試。

做法很簡單：

杞子十五至三十克、南棗六至八粒、雞蛋兩隻同煮。等雞蛋熟了以後，剝殼，取蛋再煮片刻，吃蛋飲湯，每日或隔日吃一次。根據資料，一般三次之後，以上的徵狀已經開始有改善，很不可思議。

針對夜尿，再加上一個食療。我曾經介紹過白果治夜尿的方法，已經收錄在我的書中，但白果還有一個吃法。（未完）

杞子十五至三十克、南棗六至八粒、雞蛋兩隻同煮。等雞蛋熟了以後，剝殼，取蛋再煮片刻，吃蛋飲湯，每日或隔日吃一次。

止夜尿妙方

以下介紹的「白果芡實粘米糊」是針對夜尿頻繁的徵狀，與上文介紹的「杞子南棗煲雞蛋」有互補互助功用，特別適合銀髮一族。

早上空肚服食「杞子南棗煲雞蛋」當早餐，晚上睡前兩小時再服用「白果芡實粘米糊」，便可以加強療效。

白果芡實粘米糊的做法：原粒白果肉二十粒、芡實二兩，放入攪拌機打爛，再放入兩湯匙粘米粉，用適量冷開水一起磨成漿再放入瓦鍋，加熱煮熟，煮成稠糊兩碗，略隨意調味，睡前兩小時吃一碗，十次見效。如果有恒心連服六十次，加上注意飲食與每天散步，必可根治夜尿問題。

如果想有甜味，不可以用普通的糖，只可以用蜂蜜。如果加鹽，建議去買一些海鹽、岩鹽，不要用普通的鹽。

白果去殼後要除去中間的綠色果芯。白果有固澀功能，有收攝膀胱肌括

白果有固澀功能，有收攝膀胱肌括的功效；芡實益腎固精、健脾止瀉，能有效改善腎虛、小便失禁。粘米粉補中益氣，三樣性質相近的食物一起煮，起固腎作用從而減少夜尿。

的功效；芡實益腎固精（男女都有腎精）、健脾止瀉，能有效改善腎虛、小便失禁。粘米粉補中益氣，把這三樣性質相近的食物一起煮，便可以產生協同功效令效果倍增，起固腎作用從而減少夜尿。

以上是食療，還可以去「食療主義」做能量平衡。有關能量平衡的原理我已寫過，也收錄在我二零一五年出版的《嚴浩秘方治未病》一書中，能量平衡加上食療，是最理想的保健養生配套。

小便不出靠祈禱

一位英國華僑有前列腺問題，他不想長期吃西藥，停藥後又不知道怎樣照顧自己，只暗自希望毛病會自己消失，結果把健康推到一個危險邊緣。

這是一個很具啟發性的案列，其中的教訓是「不要有僥倖心理」，身體有自癒本能，這是上帝賜予眾生的禮物，但我們必須幫助身體維持這個本能，在已經處於亞健康的時候，必須幫助身體恢復這個本能，否則健康會像一列出軌的火車，無法挽回。

E. Shum：「本來我的前列腺問題並不嚴重，我這裏的GP（家庭醫生）開前列腺藥給我，每天各一粒（Finasteride 5mg及Tamsulosin 400mg），要長期服用，但我見沒有甚麼不妥，故放棄吃藥已一年多。

「可是上個月突然出現小便困難，故又立即再開始吃藥。在前星期中，小便更變成分段，每次要站立廁內禱告約十分鐘後，才有小便分段流出，而四肢麻痹及抽筋……」

這一段實況寫真有些黑色幽默的味道，用這個特別的姿勢僵硬站立十分鐘，換了是素有訓練的白金漢宮皇家警衛，也一樣會「四肢麻痹及抽筋」，所以這個四肢麻痹及抽筋不是前列腺發炎帶來的問題。（未完）

身體有自癒本能，這是上帝賜予眾生的禮物，但我們必須幫助身體維持這個本能，在已經處於亞健康的時候，必須幫助身體恢復這個本能，否則健康會像一列出軌的火車，無法挽回。

食感冒藥食出大頭佛

華僑讀者E.Shum的前列腺亞健康，但沒有及時採取適當措施，「結果小便變為分段，每次要站立廁內禱告約十分鐘後，才有小便分段流出。」

E.Shum續說：「又再約見GP（家庭醫生），他說是發炎，要吃抗生素Trimethoprim二百毫克一個星期，每天兩粒，苦不堪言，情況比較好轉。昨晚我妻自香港回來，帶回『馬尿』（咳藥水的俗稱）一支，我見有少少咳嗽，於是在臨睡前飲了兩匙馬尿，誰知就此出事，半夜裏有便意，但一點尿也排不出……」

我曾經報道過，如果你感冒後小便排不出，問問自己有沒有服用過在市面上可以買到的感冒藥？MHRA（英國藥物管理局）踢爆在市面買到的感冒藥和咳嗽藥，不僅不管用，還引致數十人死亡，超過三千人出現有害反應，包括前列腺收縮以致無法小便。這時候千萬不要灌水，以為可以把小便沖出來，曾經有一個案例，患者一口氣喝了一大瓶水，之後噩夢開始了，小便依

如果你感冒後小便排不出，問問自己有沒有服用過在市面上可以買到的感冒藥？

舊解不出來，還引致膀胱膨脹，痛苦得無法形容，惟有立即進醫院插尿喉放小便，這才發現前列腺已嚴重收縮。目前，這位E.Shum讀者怎麼辦？（未完）

洗米水可以通小便？

這位讀者有前列腺炎，喝了購自市面的咳藥水後一點尿也排不出來。

E.Shum：「我大驚，立即飲下兩湯碗的洗米水，稍後好一段時間才有小便分段排出。後來致電香港友人，他即傳來一段閣下有關前列腺與咳嗽傷風之利害關係的文章，因而得知，先生真是神也。現已託人在香港購你的作品《嚴浩秘方集》。退休後旅英十七載，以為可以安享晚年，然而病魔纏身，真不幸也。幸得先生遙遙指點，多謝多謝！有空先生來英，弟定作地主之誼。遙祝日安！」

小便不出有可能死人的。我曾經分享過一個真實個案，患者是白姐姐住

現在推斷，這位朋友可能是感冒後服用了市面買回來的感冒藥或咳嗽藥，所以醫生查不出他有甚麼器官功能上的毛病，死得真是太冤枉。

在山頂豪宅的朋友。他人到中年，平日健康，突然有天小便不出，不知是甚麼原因，住私家醫院幾天之後便死了，買單八十多萬元，死前還是無法自己排尿，醫生自己承認斷錯症。現在推斷，這位朋友可能是感冒後服用了市面買回來的感冒藥或咳嗽藥，故醫生查不出他有甚麼器官功能上的毛病，死得真是太冤枉。

希望這種事不要再發生在我們任何一個人身上。總而言之，請大家自己多加小心。這位朋友的八十萬元可能還不如一碗一塊錢的洗米水，但洗米水通小便到底有沒有根據？（未完）

通小便秘方

前列腺炎患者不可以隨便喝從市面上買回來的咳嗽藥水，否則有可能引起前列腺收縮以致無法排尿。

以上說法是符合MHRA（英國藥物與保健產品法規管理局）針對咳藥水和感冒藥的警告，但這個警告其實覆蓋所有使用者，不限於前列腺炎患者。

E.Shum無法小便，痛苦萬分，幸虧他想起一個通小便秘方，在驚慌之下，「立即飲下兩湯碗洗米水，稍後好一段時間才有小便分段排出」。

洗米水即洗米後所留下來的水。洗米水有清熱解毒的功效，可以利尿，或者直接嚼碎一小撮生米，然後喝幾口水嚥下，很快就見效。

玉米鬚（粟米鬚）水也有利尿通小便、改善前列腺發炎的效用。根據環球網：「取玉米鬚二十克、馬齒莧十克，開水沖泡，當茶頻飲，每日兩劑，服用一段時間後有效果。慢性前列腺炎會尿頻、尿急、尿痛、排尿燒灼感、排尿困難、後尿道、肛門、會陰區墜脹不適等。中醫認為濕性趨下，黏膩不清，因此本病與濕邪有關。」

玉米鬚味甘、淡，性平，能入膀胱經，有利尿消腫的功效，常用來治療水腫、小便淋瀝、高血壓、糖尿病等病症。玉米鬚水可以改善尿道炎，尿道炎的徵狀是尿道在小便的時候感刺痛，有發熱的感覺。玉米鬚可以買新鮮的，或者在中藥房買乾的，當煲湯或者泡茶一樣處理便可以了。平常多喝玉米鬚水，可以改善、預防前列腺炎和尿道炎。

（筆者提醒，每人體質不一樣，請謹慎。有病請看醫生。）

洗米水即洗米後所留下來的水。洗米水有清熱解毒的功效，可以利尿，或者直接嚼碎一小撮生米，然後喝幾口水嚥下，很快就見效。

怕冷這老毛病

每個人的身體都有些頑固老毛病，譬如我的老毛病是怕冷。

香港的夏天是地球上最冷的地方，無論交通工具上還是酒樓餐廳裏，冷氣真是冷進骨子裏，以致我每次去餐廳坐下前必先看風水，找一個冷氣吹不到頭的位置。

怕冷在我是體質問題，體質基本上不可能大變，常年怕冷的人突然變成怕熱，可能是一場大病前的跡象。體質不可以改變，但可以調理，譬如我把食療、生物共振、運動、平時注意保暖等等都基本上做足，換回來的是不容易感冒。從前容易着涼，也容易感冒，現在不太感冒，但還是容易進寒氣，身體感覺總是冷冷的不舒服。

最近，我運用一種療法把寒氣直接從身體中拔出來，這要從拔火罐說起。傳統拔罐以火或抽氣方法，將罐內的空氣抽出製造真空狀態，引致皮膚

最近，我運用一種療法把寒氣直接從身體中拔出來，這要從拔火罐說起。

上出現淡紅或深紅色。這是因為局部皮膚及肌肉有充血現象，甚至令微絲血管破裂，瘀血聚於表皮，是一種近似發炎的狀態，可以打破原有的病態平衡，加速新陳代謝，提高免疫功能，這是好的。

缺點在於火罐是靜態的，本來火罐中製造的真空狀態使組織啟動是好的，但當火罐保持靜態，真空狀態持續，反而使組織啟動的效用隨着時間而下降。換句話説，如果火罐中可以非真空與真空互相切換，治療效果會以倍數乘倍數增加。火罐在我國民間已流行千年，從不登主流醫學的大雅之堂，是甚麼人突然把它當成一門學問去研究、去改良呢？（未完）

老罐新用治痛症

拔火罐表面上並不深奧，但竟被一個德國人破解了當中的密碼，再作出改良，加強版的火罐叫「脈衝式拔罐震動療法」。

從前我們只在感冒着涼時才去拔火罐驅寒，現在這個加強版還可以治頸背痛、腰痛等痛症。

二零一一年，德國Duisburg-Essen大學進行一個實驗，用「脈衝式拔罐震動療法」為頸背痛患者做治療，有五十個患者參加。他們分成兩組，一組接受兩周內共五次治療，另一組則沒有治療。兩周後根據四個指標作出判斷：痛的程度、功能的改善程度、生活質素、活動時的疼痛，結果發現兩組的分別非常明顯，使用「脈衝式拔罐震動療法」一組的痛症大幅減低，這結果刊登於《Karger Journals》。

這項創新的背後有一個感人故事。二戰前，發明人Stefan Deny在維也納讀醫科時，在德國醫院見習時首次接觸到拔火罐療法，令他留下深刻印象，也發現這門古老療法的不足。拔火罐從中國古代流傳至今，但古今中外，大概只有他當一門學問去研究。二戰期間他經歷了家破人亡之痛，到八十年代尾才研發出這個加強版。

他利用空吸波（suction wave）的垂直震動原理，把傳統火罐製造的靜止真空改良成每分鐘與非真空切換二百次，即每分鐘二百次一吸一放，使治

從前我們只在感冒着涼時才去拔火罐驅寒，現在這個加強版還可以治頸背痛、腰痛等痛症。

療效果深入肌肉組織深層，淋巴排毒效果與改善血液循環的效果大大增加。

在「食療主義」主持「脈衝式拔罐震動療法」的是浸會大學中藥製劑專科碩士丁丁。（食療主義電話：2690 3128）（未完）

拔火罐

拔出狀元

像拔火罐一類不登主流醫學大雅之堂的中國民間療法，進了有心人眼中就能看到當中的學問，還把拔火罐發展成「脈衝式震動療法」。

這令我想起前幾天分享的李威廉醫師演講的文章，其中醫師引用匈牙利籍醫學家哲爾吉的話：「見眾人所見，思無人所想」，從這件事中最能體會其中智慧。

發明者Deny，在這個火罐加強版中製造了「間歇性」真空，讓肌肉組織被真空吸起拉動後，再被放鬆，每分鐘拉二百次，刺激組織間的液體，促進代謝物、炎症介質、污染物質等通過血液與淋巴有效排走，令營養物質更易被細胞吸收，對治理急性扭傷、慢性勞損、腰痠背痛、風濕性或類風濕性關節炎、神經性皮炎、皮膚癢、神經衰弱、肺病等特別有效。

為了這個改革，不知道經過有多少年、其中做了有多少次驗證，在這個人人趕發財的浮誇時代，還有多少人肯這樣踏實地做學問、做發明？不過，上文中提到的丁丁是其中一位踏實做學問、做實踐的人。「食療主義」曾公開招聘，找到小丁丁。

小丁本名丁春蘭，是河南中醫學院醫學學士、浸會大學中藥製劑專科碩士，定居香港後加盟「食療主義」，工餘在香港大學專業進修學院繼續進修中醫營養學。一位年紀輕輕的女孩子，已對點穴位、推經絡、針灸、拔罐都有實戰經驗，她外表纖秀，但竟然力大無窮，推拿按摩的手法又準又狠。小丁幫我用「脈衝式震動療法」去身體中積累的寒氣，我可以感覺到一股股冷氣從下肢滔滔排出，很有效。

這個火罐加強版中製造了「間歇性」真空，讓肌肉組織被真空吸起拉動後，再被放鬆，每分鐘拉二百次，刺激組織間的液體，促進代謝物、炎症介質、污染物質等通過血液與淋巴有效排走。

防感冒醫埋香港腳

我從來沒想過在採取防止感冒措施的同時，可以控制香港腳。大概六、七年前，我在專欄推廣泡腳。泡腳在內地早就流行，但那時候在香港連泡腳專用的大木桶也很難找，要特地去深圳買，老遠提回來，買給自己和朋友們。

大木桶的體積很大，後來我發現另一種可保持常溫的泡腳盆，平時可以塞在凳子下，我就把大木桶給撤換了。

泡腳用的材料也隨着歲月演變，從前用中藥，但某些成分在香港禁用，要特意去深圳買，後來連深圳也禁用，幸好「食療主義」從德國找來能調節身體酸鹼度的礦物泡浴粉，由於也包含鎂，對放鬆肌肉、減緩筋腱疼痛很有效，我就用泡腳粉代替中藥，在疲累或感冒時泡腳。

但想不到又泡出了一個驚喜：幾十年的香港腳居然受到控制，礦物中的

幾十年的香港腳居然受到控制，礦物中的強鹼性把皮膚中的真菌殺死了！泡一次後已經有改善迹象，連泡幾次後，已看見有明顯效果。

強鹼性把皮膚中的真菌殺死了！泡一次後已經有改善迹象，連泡幾次後，已看見有明顯效果，以後每個星期泡兩、三次，真菌已沒有適合生存的環境。真菌難消滅，因為可生存在表皮下面，表面看不出一點痕迹，你以為藥膏勝利了，其實沒有。我以前換了無數種藥膏都只能治標。礦物泡腳粉加上溫熱水泡四十分鐘，鹼性物質會逐漸滲透毛孔，令表皮下的真菌失去適合生存的環境。而這時會出現一種有趣現象。（防感冒醫埋香港腳・一）

泡腳的方法

我泡腳的方法是這樣的。

一、從熱水喉放熱水加入自動保溫泡腳盆，泡腳盆上有個溫度計會顯示水溫；二、把一羹礦物泡腳粉加入自動保溫泡腳盆中；三、放進雙腳，從泡腳盆上的按鈕調出你喜歡的溫度，一般大家能適應的溫度是三十五度，我會調到三十八度，最高無法超過四十二度，其實三十八度已足夠，不是愈高溫愈好；四、從按鈕調出泡腳時間，建議四十分鐘。

過程中不可以吹冷氣、不可以吹風扇，目的是讓你微微出汗，最好用毛巾蓋着膝蓋。

這樣泡幾次後，我發現香港腳已經有明顯改善，但這時候出現了一個有趣的現象：我試過在半夜被腳趾中的癢癢醒，如果開燈看，會發現癢的部位一點水泡也沒有，不但如此，皮膚上連一點痕迹也沒有，總之明明是就一對美足，但皮膚下癢癢的，你不理它，過一兩天就好了，或者等到白天就好了。後來我明白，這是泡腳粉中的鹼性物質經過熱水泡腳後滲透了毛孔，以致躲在表皮下的真菌也失去了適合生存的環境，癢是真菌在垂死掙扎，隨後屍體通過排汗排出體外。

泡腳後不需要用清水，讓礦物質留在腳上。

還有一個加速治療過程的方法，請看下文。（防感冒醫埋香港腳・二）

過程中不可以吹冷氣、不可以吹風扇，目的是讓你微微出汗，最好用毛巾蓋着膝蓋。

擦掉死皮的重要性

礦物泡浴／泡腳粉的用法前文已介紹過，再補充一個細節，能令治療效果更顯著。

無論泡腳還是泡浴，泡二十分鐘後便可輕輕擦掉死皮，以後每十分鐘擦一次，擦出死皮可加強排毒效果。平時用清水泡腳是擦不出死皮的，即使成功擦完一次後，不會每隔十分鐘還擦得出兩次，甚至第三次，證明這是礦物粉中的礦物質在起作用。

泡浴或浸泡腳後，如果有需要可以用暖水沖洗，但毋須使用肥皂，也毋須另外塗上潤膚膏，反而應該讓身體的油份自然分泌出來，這樣能使膚質更為柔美。如果是為了治療香港腳，擦死皮這個程序就更加重要了，一旦缺少了，死皮會在以後的日子裏不斷殘留在鞋襪中，甚至床單上，很不衛生，留在皮膚上的死皮也為真菌留下生存的「地盤」。

無論泡腳還是泡浴，泡二十分鐘後便可輕輕擦掉死皮，以後每十分鐘擦一次，擦出死皮可加強排毒效果。

擦掉腳上的死皮，可以用浮石，在香港很容易買到，譬如賣浴室用品的小店，又或賣化粧品的店。那身體上的死皮怎麼擦？「食療主義」有真絲造的擦背巾，很容易用，也很舒服。

這樣對付香港腳已經勝算在握，不用再操心，最好的一點，是在治療時也能為身體排毒，如果有感冒也可以加速好轉，由於泡腳的過程很舒服，也大大舒張了神經。記得建議的時間是四十分鐘，正好用來看電視。礦物粉、泡腳盆等都可以諮詢「食療主義」，電話 2690 3128。（防感冒醫埋香港腳・三）

徹底治療香港腳

治香港腳加強版：

如果有需要，在使用礦物粉泡腳後，擦乾腳，用酒精噴遍，待酒精乾後，塗上一層椰子油，然後穿上襪子，早晚一次，晚上穿襪子睡覺。早上如果來不及泡腳，清潔腳後再直接用酒精和椰子油。這個方法還可以改善灰指甲。

香港腳的成因基本上有五種：一、飲食；二、生活在潮濕的環境；三、被傳染；四、身體衰弱；五、從來不清潔鞋墊。成因中似乎以從來不清潔鞋墊的原因居多。

香港腳不是大人專利，小學生也會有香港腳，因為家長從來沒想過為小朋友洗鞋墊，或經常把鞋墊從鞋子中取出來，放在太陽下曬曬。鞋子也應該經常放在通風乾燥之處，如果開冷氣或用暖爐，每天晚上都把鞋子放在附近，記得把鞋墊拿出來。

洗和曬鞋墊，球鞋比較容易，皮鞋則比較難，鞋墊無法拿出來清理，可以用熱風筒塞到鞋中狂吹一分鐘，特別是在梅雨天或下雨天，真菌在鞋墊上繁殖得非常快。如果使用後放幾天不用，幾天後拿出來看看，可能鞋墊上已長出一層能看得見的黴菌。不注重鞋子、襪子乾爽清潔，保證香港腳或灰指甲永不斷尾，任何秘方都沒用。

徹底治療香港腳需要飲食配合，這方面更需要耐性，但飲食健康已每天在講，在這裏就不重複了。(防感冒醫埋香港腳之四‧完)

香港腳的成因基本上有五種：一、飲食；二、生活在潮濕的環境；三、被傳染；四、身體衰弱；五、從來不清潔鞋墊。成因中似乎以從來不清潔鞋墊的原因居多。

打倒玫瑰痤瘡（上）

患上玫瑰痤瘡男女都有機會，患者臉上被一片可怕的紅腫膿瘡覆蓋，傳統醫學只能提供治標不治本的類固醇。

G小姐（二零一六年四月十日）：「首先，很感激你介紹布緯療法！我一年前聯絡過你，多謝你很快便解答我的問題。我去年四月確診為玫瑰痤瘡，幸運好快服用布緯療法，吃了每天兩次，一個半月便醫治了！我在這段期間不食肉或魚！現在，感覺面部又開始發作，原來離開上一次發作剛剛一年！不知是否與天氣濕毒有關？我現在再開始服食布緯食療，只食了兩天已感覺到皮膚大大改善，面上的痘痘開始收斂，皮膚重新恢復平滑，腸道排泄好順暢。我打算吃一個月，每天兩次，在這段期間不吃肉或魚。當我好了以後，是否可以當保健食物，只每天早上空肚吃一次？這樣做會否令身體順服，日後如我再復發便不好？正確的療程是否一個月？」

答：按照您的情況，導致身體發炎的因素還是存在，您還是需要從改善

「你發現每年四月玫瑰痤瘡便跑出來，四月是梅雨天，很濕熱，由於你的脾胃和腸道本來也很濕熱，天氣助長了你身體中的『濕毒』，玫瑰痤瘡便是濕毒的產物。」

飲食開始。布緯食療不存在令身體「順服」，你是想問是否會令身體產生依賴性，不會的，你吃布緯食療有效，是因為你的身體需要其中的營養，當缺乏這些營養，你的身體便發炎，症狀就是你的玫瑰痤瘡。你發現每年四月玫瑰痤瘡便跑出來，四月是梅雨天，很濕熱，由於你的脾胃和腸道本來也很濕熱，天氣助長了你身體中的『濕毒』，玫瑰痤瘡便是濕毒的產物。你說在服食布緯食療期間戒肉，希望通過調整飲食幫助身體儘快改善，但肉類是令你身體發炎的主要原因嗎？還是另有幕後黑手？（未完）

打倒玫瑰痤瘡（下）

G小姐連續兩年每到四月份的梅雨天，臉上就爆出來玫瑰痤瘡，兩次都在服用布緯食療後平息，到底是甚麼引致身體發炎？

G小姐認為是肉類（其實很多新鮮魚類和海參含Omega-3脂肪酸，可以吃）。均衡攝入脂肪酸很重要，平時的膳食如果長期多紅肉、多加工食物、用精煉油做烹飪、也缺乏Omega-3，就出現因脂肪酸不平衡而產生的各種炎症，玫瑰痤瘡是一種，癌症是最嚴重的一種，同時，太多白糖做的甜品使得體內酸化，糖養真菌黴菌，令腸道菌叢不平衡，致使身體發炎。即使平日飲食健康，但若偏愛白糖做的甜品、汽水、飲品等，一樣增加體內炎症。在給G小姐的覆信中，提到除了要注意脂肪酸平衡以外，還要戒甜食。第二天，G小姐又來信，信中只有一句：「嚴Sir，為何要戒甜食？」

答：「簡單而言，過多的糖份是引起身體各種炎症的元凶。原來你喜歡吃甜食？」她回答：「Hehe！我有時有興趣在網學整甜品！剛學做了二次Meringues（蛋白糖餅）！」

這就是了！白糖做的甜品造成的傷害往往不引起大家重視。如果每次症狀消失，就回到過去不健康的飲食習慣，問題不能從根本解決，隨年齡增加，身體需要更長時間修復，如果總是等到問題出現再吃布緯，康復的時間也可能會越來越長。布緯食療如果吃法正確可經常吃，有病治病，無病養生，希望大家用布緯食療為健康錦上添花，而不是每次都雪中送炭。（提示：吃布緯食療前二十分鐘喝酸椰菜汁或木瓜素可幫助難於消化奶製品的人士。）（完）

白糖做的甜品造成的傷害往往不引起大家重視。如果每次症狀消失，就回到過去不健康的飲食習慣，問題不能從根本解決，隨年齡增加，身體需要更長時間修復，如果總是等到問題出現再吃布緯，康復的時間也可能會越來越長。

第三章

糖尿成頑症，皆因飲食起

改善糖尿病的方法：一、保持腰圍苗條，保持血壓正常，每天最少散步三十分鐘。二、每天服用半茶匙肉桂粉。三、把喝飲料的習慣改成喝好的水，喝適量的茶和咖啡。四、食用奇亞籽（Chia Seed），每次二十克，每天兩次。

很多吃了一輩子素的人，包括出家人，到頭來也變成糖尿病患者，歸根究底，是飲食中的營養高度失調……過分的烹煮令到酵素全失，酵素只存在於生的蔬果以及發酵的食物中，是維持生命的重要養份，所以經常吃大量沙律的人相對比較健康。

一切食療都需要運動配合，運動、減肥是最好的改善糖尿病方法。

肥胖也是大部分病的源頭，癡肥成為西方科學家的研究對象，最新的研究結果很令人意外：都市雜音竟也是造成癡肥的其中一個原因。

吃得多，常發炎

現代的飲食，令我們容易攝入過多糖份。進入身體中的糖，形成像糖漿一樣的黏稠物包裹着器官，還會在血管中形成像玻璃碎片般的物質，令血管受損。

不斷湧入的糖份，不斷造成新損傷，令身體長期處於慢性發炎狀態，消耗免疫系統大部分精力，於是身體變得容易過敏，血管容易退化，身體的自我修復功能亦變得愈來愈差。

我們身體的構造無法適應現代的飲食。在人類進化的二十萬年中，食物不容易獲得，使身體演變出一套新陳代謝的機制，能夠從攝取到的極少量食物中萃取最多能量，再轉化成脂肪存儲起來；當身體需要糖份時，便可以從脂肪中取得。

我們的身體，已被設計成只需要少量糖份便可以運作的模式。然而現代社會中，我們被食品包圍，各國風情的餐廳，超市供應來自世界各地的加工

我們可以二十四小時不停地吃，食物進入身體的量已進入二十一世紀，可是我們的身體基因還停留在石器時期，糖尿病正是這兩者衝突下的產物。

食品，麥當勞、肯德基等速食店，還有披薩和意粉可二十四小時外賣……

我們可以二十四小時不停地吃，食物進入身體的量已進入二十一世紀，可是我們的身體基因還停留在石器時期，糖尿病正是這兩者衝突下的產物——身體無法代謝太多的食物，再加上零運動量。（未完）

這些為你打工的可憐細胞

我們的身體被設計成只需要很少量糖份就可以運作，當以下兩種情況發生，健康就會逐漸出現毛病：一、放任飲食；二、習慣久坐。

當這兩種情況發生，多餘的糖份便很難被身體代謝掉，不但如此，代謝系統還會逐漸出現故障，情況就好像一艘超載的舢板，隨時會覆舟。糖無法被正常代謝的結果，使得身體的內分泌成為「胰島素抗性」，阻礙胰島素把糖份運輸到肌肉，糖就這樣跑到血液和內臟裏，於是血液中積累的糖份，又進一步削弱代謝系統的功能和效率，成為惡性循環。

複習一下上文所提及的：「現代的飲食，令我們容易攝入過多糖份。進入身體中的糖，形成像糖漿一樣的黏稠物包裹着器官，還會在血管中形成像玻璃碎片般的物質，令到血管受損。不斷湧入的糖份，不斷造成新損傷，令身體長期處於慢性發炎狀態。」最終，負責產生胰島素的胰腺β細胞，因為長期與身體的「胰島素抗性」角力而筋疲力竭，當這些努力為你打工的可憐細胞體力不支倒地之日，便是糖尿病正式上場之時。

請想一想你每次放任飲食時，身體中有一部分的你在為你的健康拼命，你不照顧身體，身體也不會照顧你。（未完）

糖尿病

負責產生胰島素的胰腺 β 細胞，因為長期與身體的「胰島素抗性」角力而筋疲力竭，當這些努力為你打工的可憐細胞體力不支倒地之日，便是糖尿病正式上場之時。

十個港人，一個糖尿

糖尿病分一型和二型糖尿病。一型糖尿病，胰臟無法分泌足夠的胰島素，一型糖尿病的主要成因，是自身免疫系統攻擊自己，有遺傳性，通常在幼童時代就會出現，但也可能在任何年齡段發生。

二型糖尿病的成因，是細胞發生了「胰島素抗性」（原因請參考上一篇文章），胰島素無法將葡萄糖輸入細胞，為肌肉、肝臟及其他器官提供能量，於是多餘的糖份留在血液裏造成破壞。

糖尿病人雖然吃很多，其實缺乏營養，在與讀者的互動中，證明食療中的「青檸雞湯」對部分糖尿病人起到改善血糖的作用，但同時又起到補身的作用，這就是其中一個原因。但一切食療都需要運動配合，運動、減肥是最好的改善糖尿病方法。

二型糖尿病是可以預防和改善的。在過去，這種糖尿病被認為是成年人才有的糖尿病，現在知道與年紀沒有關係，連小孩子也有糖尿病，而且愈來愈多，是現代社會的流行病。

香港的小朋友，每年糖尿病的確診案例不斷增加。根據二零一二年香港《大公報》資料：「香港兒童糖尿協會主席何苗春暉説，每月約有兩至三位兒童確診一型糖尿病，由於患者有先天性自身免疫毛病，致胰臟不能平衡胰島素分泌。至於二型糖尿病，每月則有四位兒童及青少年確診；雖然此症的患者多為成年人，但基於不良飲食等習慣，致兒童癡肥數字上升，糖尿病有年輕化趨勢。本港現時約有逾七十萬人為糖尿病患者。」

放眼看看上下班的人群，每十個人中竟然就有一個患上糖尿病！這是香港糖尿病的寫真錄。（未完）

一切食療都需要運動配合，運動、減肥是最好的改善糖尿病方法。

認識頭號非傳染病殺手

本港現時約有逾七十萬人為糖尿病患者，香港人口有七百萬，即每十個人中就有一個是糖尿病患者！這已經是二零一二年的統計數字。

請注意上文的關鍵字：糖尿病有年輕化趨勢，因為不良飲食，使得兒童癡肥。

二零一四年：「香港特區政府衞生署署長陳漢儀十三日表示，糖尿病是全球首要關注的非傳染病之一，亦是香港主要的慢性疾病和致命疾病之一。在二零一三年，以糖尿病為主要死因的死亡人數有三百六十人，是香港第十位最常見的致命疾病……香港中文大學內科及藥物治療學系教授馬青雲提醒香港市民，糖尿病並非長者專有的疾病，年輕人亦應該留意。馬青雲指出，該院校最近進行了一項研究，評估了香港超過一點五萬個二型糖尿病患者，發現他們當中約一半人是在五十歲前發病，參加者中更有高達百分之二十，其實在四十歲前已被診斷患上糖尿病，情況令人擔心。」

根據二零一三年的網上資料：「發表在《美國醫學協會雜誌》JAMA的文章公布，目前中國糖尿病患者已達一點一四億，約佔全球糖尿病人總數的三分之一，佔中國成年人口的百分之十一點六。中國糖尿病人的發病率已超過美國，美國成年人的糖尿病患病率為百分之十一點三，幾乎相當於澳洲全國人口的總和！」

澳洲全國人口才超過二千萬，中國的糖尿病人比澳洲全國人民多幾倍！如果中國的糖尿病人每人在澳洲大地上撒一泡尿，保證連澳洲的草都變甜，全澳洲的牛羊都染上糖尿病！（未完）

「在二零一三年，以糖尿病為主要死因的死亡人數有三百六十人，是香港第十位最常見的致命疾病……」

你身邊的糖尿病人

到了二零一五年：「四年間（從二零零九年開始），中國多了二千二百萬糖尿病病人，平均每年增長五百五十萬例，每天增長一點五萬例，每小時增長六百例，每分鐘增長十例！」

「在日益增加的糖尿病病人後面，還有一點五億人處於糖尿病前期，即血糖不正常，他們每天都有可能變成新的糖尿病病人，現在中國血糖不正常的人有二點六四億！還有一個高危因素人群，比如說家族史、老年人、肥胖者、功能代謝紊亂者等等，有六點六四億，他們隨時都可能變成糖尿病人。」

如果你花一分鐘小便，中國的糖尿病人已經多十例；如果你花五分鐘讀這篇文章，中國的糖尿病人已經增加五十人，真不可思議！

前文說過，目前中國糖尿病患者已多達一點一四億，佔中國成年人口的十一點六，而根據二零一二年香港兒童糖尿協會主席何苗春暉說，本港現時約有逾七十萬人為糖尿病患者，其中包括了兒童糖尿病患者，即每十個港人中便有一個是糖尿病患者，與內地的統計差不多。糖尿病已成為比感冒還要普遍、還要危險的病。

糖尿病有多「貴」？

「我國一個糖尿病人，一年最少得花四五千塊錢的醫藥費。中國糖尿病治療費用目前每年是二千億元，但還是遠遠不夠……中國有約五百萬未得到診斷的患者，當他們發現糖尿病時，可能已經發生中風、失明、腎臟疾病等併發症了。」

大家對糖尿病有一個很大誤解，患糖尿病是因為吃糖太多嗎？很多人都是這麼認為，事實上患糖尿病是吃得太多，即使你甚麼糖都不吃，但對其他食物毫無節制地攝取，也一樣會有糖尿病！（未完）

很多人都是這麼認為，事實上患糖尿病是吃得太多，即使你甚麼糖都不吃，但對其他食物毫無節制地攝取，也一樣會有糖尿病！

我的朋友把自己吃死了

即使一個人甚麼糖都不吃，但慣性地大吃大喝，結果還是會得糖尿病。因為一切食物，無論是蛋白質、脂肪還是碳水化合物，它們在體內都會分解變成糖。

又有人以為糖尿病人是吃了太多肉，我認識很多吃了一輩子素的人，包括出家人，到頭來也變成糖尿病患者，他們沒有大吃大喝，當然也不可能吃肉。歸根究底，這兩者得病的原因都是飲食中的營養高度失調。前者吃得太多，引致內分泌失衡，反而令身體無法吸收營養；後者以吃中式素食者為主，過分的烹煮令到酵素全失，酵素只存在於生的蔬果以及發酵的食物中，是維持生命的重要養份，所以經常吃大量沙律的人相對比較健康。

中式素食者也吃了太多的白飯、白麵、白糖和加工食物，以及用太多從超市買到的「精煉油」，其實都是化學氫化油；還有表面上是健康油，其實

我們的細胞等於是一個三歲孩子，沒有任何節制力，當吃進太多糖，細胞就會被甜病了，如果繼續不節食、不戒口、不改變飲食結構，細胞就最終會被甜死。

一加熱就變成反式脂肪的葡萄籽油。

有關油的知識在我的書中有不少分享。

所有食品吃進身體後，原則上都會分解成為糖，因為身體需要糖。糖非常重要，糖是細胞獲取能量的重要形式，無論是腦細胞還是肌肉細胞都一樣，但我們的細胞等於是一個三歲孩子，沒有任何節制力，當吃進太多糖，細胞就會被甜病了，如果繼續不節食、不戒口、不改變飲食結構，細胞就最終會被甜死。我有一位認識了半輩子的朋友，就是自己把自己吃死的，死時還年輕，孩子還未長大成人；被甜病的朋友就更多了。（未完）

先潰爛，再失明

被甜死的過程絕對不甜蜜，你的肢體會潰爛，主流醫學無法醫治糖尿病所引起的肢體潰爛。

糖尿病

潰爛的傷口中有一種俗稱吃肉菌的惡菌，你會親眼目睹身上的傷口一天比一天大，而醫院能做的只是為你用酒精洗傷口，洗傷口的過程痛入心肺，可是到了第二天，傷口又比前一天大，於是更痛不欲生，你會在病床上哀嚎着死去。

如果你以為我在誇大，我其中一本書中正正有一個讀者分享的實例，可供你參考。

除此，你的雙目會逐漸失明，不過比起肢體潰爛，逐漸失明可能比較不痛。可能有兩種狀況會在你身體上發生，也可能只有發生一種，你願意從中選擇一種嗎？還是你選擇從現在開始吃少一點，吃得健康一點？你永遠有選擇，分別在於做選擇的時間。

吃得太多令身體響起虛假的訊號：「製造更多的胰島素吧。」令胰臟更加拼命地工作，像尾巴掛着燃燒鞭炮的快馬。

但同時，身體另一個原始的機制會被啟動：「現在有這麼多食物，我一定要把多餘的脂肪儲存起來，以預防下一次饑荒（事實上總是食物過剩），或者與野獸搏鬥時才有體力（事實上大部分的時間都坐着懶得動，連走樓梯都嫌麻煩）。」（未完）

吃得太多令身體響起虛假的訊號：「製造更多的胰島素吧。」令胰臟更加拼命地工作，像尾巴掛着燃燒鞭炮的快馬。

外表不肥，內臟肥爆

脂肪在現代人的身上會產生一個結果：令身體產生胰島素抗性，這個特性又會讓人想吃更多食物，於是血糖進一步升高，脂肪更多地被儲存，胰島素抗性進一步增強，再吃更多食物……

如此惡性循環，直至胰腺徹底崩潰，與此同時，肥胖與糖尿病結伴而至。肥胖不只是外表肥胖，有些人看上去並不太胖，內臟卻已經很肥，附着很多脂肪，這種暗藏的脂肪使得糖尿病的風險更高。

甚麼叫「現代人」？現代人有兩個特徵：

一、代表了隨時可以吃任何食物、吃大量食物。人類在地球上從一粒原子發展到人類的過程中，脂肪和糖的來源極其罕有，人體的機制習慣了從很少的食物中已可得到足夠的糖與脂肪，超過身體需要的脂肪便儲存下來。現代社會中已沒有到處跑的狼，但狼對食物的貪婪，被現代人的「狼吃狼喝」

糖尿病

總結「現代人」的定義，就是「懶動」和「貪吃」，「懶動」加「貪吃」等於糖尿病，這是一個公式。這個公式演化出癌症、心臟病、腦退化、中風……

代替了；二、代表了不運動，坐太多。這裏説的運動甚至不是跑步、做瑜伽，只是普通的散步，不只是上年紀的人不願意走動，連年輕人也不願意走動，好像散步走路是七宗罪以外的第八宗罪。

總結「現代人」的定義，就是「懶動」和「貪吃」，「懶動」加「貪吃」等於糖尿病，這是一個公式。這個公式演化出癌症、心臟病、腦退化、中風……

如果人類是近代才被外星人做出來，身體結構會完全不一樣，會好像鳥一樣，吃進去的食物很快變成糞便拉出來，肛門會長出一個類似化糞池的身體器官，把糞便化成屁，以便排放在空氣中。當然，大家都要戴口罩過日子，名牌口罩比名牌手袋更顯身份。（未完）

BB的一生被父母害了

記住上一篇文的關鍵字：「脂肪太多使得身體產生胰島素抗性，這樣的結果，又會讓人想吃更多的食物。」

當你總是想吃東西，怎麼吃都不飽，就必須明白是你的健康出現了問題。當出現了這樣的狀況，解決方法很簡單，從梳化上起來，出去散步、運動，讓食物好好代謝，身體的營養夠了，反而不餓。

糖尿病會導致關節發炎、器官發炎、皮膚發炎或過敏、腎功能衰退、加速血管老化，這樣又會帶出一系列相關疾病：心臟病、中風、記憶衰退，最嚴重的是損害末梢神經，引起西藥無法治療的肢體潰爛，或引發視力問題乃至失明。

糖尿病是吃出來的，而且從兒童時期已開始，以下是一個真實個案，看後保證你想打人。

當你總是想吃東西，怎麼吃都不飽，解決方法很簡單，從梳化上起來，出去散步、運動，讓食物好好代謝，身體的營養夠了，反而不餓。

有兩個BB，男BB的媽媽從小教孩子要喝水、吃正餐，不許孩子亂吃零食與垃圾食品；女BB的父母是暴發户，譏笑男BB的家人不讓孩子有一個「快樂的童年」，自豪地宣稱「我們不這樣養孩子」。兩家人在一個婚禮飲宴上碰面，男BB自然地喝水、吃飯，女BB只喝橙汁汽水，以致連嘴唇都是橙色，至於食物，只吃各種脆香的皮，譬如炸雞皮、紅燒乳豬皮……這樣的食物在一個晚上吃了半碗，別的不吃，也不喝水。

以後的結果你也知道，這個女BB的一生就被自己的父母害了。（未完）

教你改善糖尿病

現代人容易得糖尿病，但對於二型糖尿病患者而言，只要為期未晚，糖尿病也容易改善，Dr. OZ的團隊告訴你：「只要馬上開始減肥和做運動，身體對胰島素的反應就會立即改變，並修復糖基化所帶來的傷害。」

一、保持腰圍苗條，保持血壓正常，每天最少散步三十分鐘。大部分人晚餐後坐着的時間長達六小時，改成飯後起碼站三十分鐘，這是最起碼的「運動量」。運動能夠顯著改善胰島素攜帶糖份進入細胞產生能量，尤其是肌肉細胞。高血壓令糖尿病惡化，血管更容易破損，增加動脈粥樣硬化的危機。

二、每天服用半茶匙肉桂粉（cinnamon），能提升胰島素受性超過百分之五十。人參、淡茶能幫助降低胰島素抗性，無糖無奶的黑咖啡也如是，糖尿病人只可以喝黑咖啡。也要注意咖啡的濃度，過濃的咖啡令人攝入過量咖啡因，弊大於利；桑葉茶的功效比普通的茶更大。

三、每天飲用含有糖份的汽水和飲品超過兩份以上，患胰腺癌的機率增加大約百分之九十。把喝飲料的習慣改成喝好的水，喝適量的茶和咖啡。

四、食用奇亞籽（Chia Seed），每次二十克，每天兩次。奇亞籽富含Omega-3脂肪酸，抗氧化性非常卓越，甚至超越新鮮的藍莓。研究發現，服用三十克奇亞籽已可以大大減少血糖升高的幅度，幫助血糖的波動控制在一個溫和健康的範圍。

有效改善糖尿病的食物還有不少，譬如蜂皇漿的功效就很顯著，不過要小心來源地，「食療主義」有歐洲進口的蜂皇漿，是為自己吃得安心而找來的。

有效改善糖尿病的食物還有不少，譬如蜂皇漿的功效就很顯著，不過要小心來源地。

「快升糖」食物

我經常納悶：食物和飲料進肚後，需要多長時間才轉化成進入血管的物質？

香港媒體《熱新聞》曾經報道過一篇來自英國《Daily Mail》（《每日郵報》）的資料，是根據連鎖快餐店的巨無霸做的科研數據：原來身體各個元素中，首先被食物影響的是血糖。

我們知道，任何令血糖快速飈升的食物，都會反過來令身體很快又感到飢餓，這叫「快升糖」食物，是體重和健康的大忌。譬如一切垃圾食物和垃圾飲品如汽水，還有白飯、白麵、白糖和白糖做的甜品之類，都屬於快升糖食物，必須戒除。

連鎖快餐店的巨無霸含五百四十卡路里。吃下十分鐘後，血糖會升到異常水平。垃圾食物的特點是高糖、高鹽、高反式脂肪，這種食物會刺激大腦某個區域的神經元，釋出令人感覺愉悅的化學物質。專家證實，這種愉悅的效果類似毒品可卡因，會令人上癮；事實上，垃圾食品刺激的大腦神經元與毒品刺激的大腦區域相同。

現在可以明白，如果一個人從小吃垃圾食物長大，這輩子大概很難戒除垃圾食物，身體也可能永遠處於健康與疾病的邊緣，先是皮膚病、口氣、關節痛、胃病、婦科病、大便長期不正常、容易感冒、情緒無法控制……這些看來無傷大雅的小毛病很多人不放在心上，誰不知時間到了就反艇：不孕、糖尿病、血管病、中風、癌症……一樣一樣來。現代社會連小孩子也有糖尿病，情況也愈來愈嚴重，自閉症、多動症的孩子愈來愈多，全都拜託這種風行全球的垃圾食品店。（未完）

我們知道，任何令血糖快速飈升的食物，都會反過來令身體很快又感到飢餓，這叫「快升糖」食物，是體重和健康的大忌。

可樂總裁忌可樂

快餐文化已被證實是健康殺手。快餐文化從西方開始，經過半個世紀對人類健康的摧殘後，現在西方人開始「清算」快餐，有關健康組織發表了吃下麥當勞巨無霸一個小時後的身體反應，也發表了喝下可樂一小時後的身體噩夢研究。

可樂噩夢其實從一八八六年，在美國喬治亞州亞特蘭大市開始，到現在全世界每天有十六億瓶可樂賣出，大約每秒售出一萬九千四百瓶！最近的蓋洛普民意測驗（Gallup poll）指出，百分之四十八的受訪美國人，每天都會飲用這類汽水碳酸飲料，平均每天喝汽水二點六大杯。快餐加汽水，使美國人成為世界上排行第一的癡肥國家！不過，有多少人知道，可樂的總裁Sandy Douglas承認，自己一天只喝少過一罐可樂：「為了健康理由！」（http://www.bloomberg.com/bw/articles/2014-07-31/coca-cola-sales-decline-health-

汽水碳酸飲料，譬如可樂，不僅含有高果糖玉米糖漿，還包含精煉鹽和咖啡因，只適合偶爾喝一罐，如果持續攝入這些原料，會導致高血壓、心臟病、糖尿病和肥胖症等等。

concerns-spur-relaunch）

藥劑師Niraj Naik指出，汽水碳酸飲料，譬如可樂，不僅含有高果糖玉米糖漿，還包含精煉鹽和咖啡因，只適合偶爾喝一罐，如果持續攝入這些原料，會導致高血壓、心臟病、糖尿病和肥胖症，還包括腸道疾病、胃病、皮膚病、小兒多動症、自閉症等等。喝一罐可樂一小時後人體會產生甚麼反應？（未完）

飲可樂後身體的變化

喝可樂後，大約十分鐘，可樂中含有的十茶匙糖進入人體，已達到每日攝入量的極限！

本來我們會因過甜而引起噁心想吐，這是身體的自我保護機制，警示大腦拒絕類似食物，但汽水中的磷酸削弱了實際甜味，蒙騙了大腦，身體的噩

可樂中含有的高果糖玉米糖漿不像葡萄糖那樣，被轉化成能量，由身體各部分尤其腦部使用，而是需要由肝臟代謝，很快轉化成令我們大肚腩的三甘油脂和壞膽固醇，逐漸形成肥腸和脂肪肝。

夢就此開始。

可樂中含有的高果糖玉米糖漿（High-fructose corn syrup）幾乎存在於所有加工食物中，如方便食品、速食和幾乎所有帶甜味飲料中，也存在於許多所謂減肥產品中，它不像葡萄糖那樣，被轉化成能量，由身體各部分尤其腦部使用，而是需要由肝臟代謝，很快轉化成令我們大肚腩的三甘油脂和壞膽固醇，逐漸形成肥腸和脂肪肝。

這種鬼東西進一步蒙騙器官與大腦間的資訊傳遞，不向大腦傳遞吃飽了的訊號，所以喝許多杯高果糖汽水後，仍想吃大量垃圾食物。資料進一步說明，可樂類飲品危害副交感神經，這是人體非常重要的自我修復系統，主管消化和睡眠，每天喝可樂、汽水的人幾乎都有消化和睡眠問題，特別在孩童時候。每天喝汽水的孩子基本上有腸胃、大便、皮膚問題，晚上也睡不安穩。

喝下可樂二十分鐘後，血糖飈升，胰島素開始超負荷，每天喝一罐或以上，胰島素將過多的糖類轉化成脂肪，堆積在肝臟與腹部，但肝臟也因此堆積了令我們血壓升高和痛風的尿酸，加上其他高脂肪飲食、缺少運動，糖尿病就此形成。（未完）

飲汽水會上癮

喝進可樂四十分鐘後，可樂中的咖啡因完全被吸收，肝臟不斷將更多來自可樂的不良糖份泵入血液，人的瞳孔開始放大，血壓開始升高，此時大腦中的腺苷受體是封閉的，使人覺得疲勞頓失。

過了四十五分鐘，身體開始加速釋放多巴胺，使人倍加快感。這種快感與吸食海洛英時的感覺同出一轍，受不良糖份刺激的大腦部位，與受到海洛英影響的大腦部位相同，以前已講過了。喝可樂上癮並不是空穴來風。（有關垃圾食物等同毒品的詳細報道，已收錄在《嚴浩秘方治未病》中「亂吃六天變腦殘」，從第七十九頁開始）

大約六十分鐘後，上文説過，汽水中的磷酸有蒙騙大腦的作用，磷酸進入小腸後，與其他食物提供的鈣、鎂、鋅結合。本來這些重要礦物質可積存於骨骼，幫助骨骼生長，現在被磷酸鎖住後，被加速排出體外。大劑量的糖

可樂刺激排尿，喝可樂後會想上廁所，把這些人體必需物質排出體外後，血糖大幅降低，情緒開始惡化，變得暴躁易怒或沒精打采。

和人造甜味劑都是幫兇，同時流失的還有鈉、電解質和水。可樂刺激排尿，喝可樂後會想上廁所，把這些人體必需物質排出體外後，血糖大幅降低，情緒開始惡化，變得暴躁易怒或沒精打采。剛才多巴胺引起的快感過去了，被蒙騙的大腦發出需要依賴可樂繼續帶來刺激的訊號，惡性循環開始。

網上有營養師對部分資訊存疑，但仍建議避免喝太多可樂，人們有更多其他提神醒腦的健康食物。藥劑師 Niraj Naik 建議人們喝白開水代替汽水，可加入鮮榨檸檬汁或喝茶提味。

（原文網址：therenegadepharmacist.com）

低糖飲料非健康

十多年前我對飲食科學仍然一無所知，和大部分人一樣隨心所欲，胡吃亂喝，也被廣告左右視聽，廣告說健怡可樂「低糖、低卡路里」，我就每天喝健怡可樂，還告訴人這是「減肥可樂」。

有識者曾經說，所謂「減肥可樂」其實比普通可樂還要壞，我不信，認為是多事的人無中生有。

後來發生了一件事。那時候我在上海拍戲，朋友圈中有一個東北胖妞，朋友指指點點，說胖妞是某甲的女友，在網上認識後來上海相會，某甲接飛機的一剎那猶如被雷劈中。

原來照片中的女孩比真人小了幾個碼，走到眼前的胖妞十足是東北大媽！某甲心軟不忍翻臉退貨，但從此變得鬱鬱寡歡。

我後來遇到胖妞，隨口說Diet Coke減肥，是「減肥可樂」，胖妞眼睛發亮，

愈來愈多發現證明所謂低糖、低卡路里的飲料其實是健康殺手，甚至每天只喝一罐，都容易引起心臟病、中風、糖尿病、代謝綜合症、高血壓和肥胖。

立即想去買，好像在絕望中看到了光明。

當時看來，她也意識到和男友間的感情已經出現裂痕，癥結就在自己的體重，「減肥可樂」成為她的一條救命草。多年過去，每當我想起這件事還是會內疚。

愈來愈多發現證明所謂低糖、低卡路里的飲料其實是健康殺手，甚至每天只喝一罐，都容易引起心臟病、中風、糖尿病、代謝綜合症、高血壓和肥胖。（引用自Susan E. Swithers，一位心理科學教授和行為神經專家。）

噪音＝壓力＝癡肥

根據美國腫瘤專家李威廉醫師的研究，肥胖本身是一種病，病的徵狀叫「血管增生」，解決方法還是吃，把血管增生通過食物截斷，具體上要吃甚麼食物，已在不久前刊登的文章中講過兩次。

由於肥胖也是大部分病的源頭，癡肥成為西方科學家的研究對象，最新的研究結果很令人意外：都市雜音竟也是造成癡肥的其中一個原因。肥胖本來與壓力有關，壓力引起人依賴抽煙、喝酒減壓，壓力也令人暴飲暴食。

在人類二十萬年的進化過程中，食物稀少，身體基因習慣性要積「脂」防飢，積存脂肪源自缺少食物的危機壓力。最新研究發現，嚴重的交通噪聲會刺激神經，造成危機假象，「有危機就等如沒有食物」，這是身體的遺傳基因得出來的結論，結果身體自動積存更多脂肪。

這個研究來自瑞典科學家Dr Andrei Pyko，Karolinska Institute，Sweden。博士說：「當居住環境同時有交通大道，有火車經過，頭上還是飛機航道，癡肥的機會高一倍。交通噪音引起煩躁、失眠，身體中的荷爾蒙隨之失調，壓力荷爾蒙飈升，受影響的還有心腦血管。」

這個研究對象群組的男女共有五千零七十五人，他們住在圍繞着斯德哥爾摩的五處城鄉，年齡介乎四十三到六十六歲之間；研究時間從一九九九年開始到年前，橫跨十多年。結論是：噪聲每增加五分貝，腰圍增加0.21厘米。不是開玩笑。

最新的研究結果很令人意外：都市雜音竟也是造成癡肥的其中一個原因。肥胖本來與壓力有關，壓力引起人依賴抽煙、喝酒減壓，壓力也令人暴飲暴食。

中國是肥胖大國

肥胖不單成為個人健康的負擔，也是社會的負擔，因為肥胖是大部分病的根源，對醫療系統構成壓力。

肥胖症正成為全球流行病，傳統上，英美是兩個受肥胖症影響最嚴重的國家。有報告預測，按現在趨勢發展，到二零三零年，美國將有約百分之五十的成年人患有肥胖症，由此每年可能會增加六十多億美元的醫療負擔；英國屆時將有約百分之四十成年人患有肥胖症，由此每年可能會增加約二十億英鎊的醫療負擔。

這個報告肯定已過時，現在的肥胖症大國是中國，其中包括糖尿病、心臟病、腦中風，全屬世界第一！糖尿病人超過一點二億，每分鐘增加十例；每年心臟病猝死的人數為五十四點四萬，相當於中國一個小城市的人口總和，遠超美國每年三十萬至四十萬的死亡數字，等於每天至少有一千多人猝死，而男性猝死發生率高於女性。

在所有猝死的人中，有人根本不知道自己患有心臟病。根據統計，還有百分之七十的人因為沒有得到急救而喪命。至於腦中風，中國每年的新發病例是二百五十萬，每年死於中風的病人有一百五十萬，現存的中風病人是七百五十萬到八百萬人，超過香港的總人口；大概每二十一秒鐘就有一個中國人死於中風，每十二秒鐘有一個新發病例，是國民第一大致死原因，也是排在第一位的致殘原因。

中國歷史上出現過不少饑荒餓死人事件，從來沒有因為吃得太多而大量死人，如今繁榮帶來豐富的食物，但人類的身體結構其實與原始人沒有分別，這就是致病原因。

大概每二十一秒鐘就有一個中國人死於中風，每十二秒鐘有一個新發病例，是國民第一大致死原因，也是排在第一位的致殘原因。

勞心者大部分都脾虛，用黨參二十克（先浸泡半日或者一晚），大紅棗去核十粒（切開），用一升水煮三十分鐘，然後取汁，用這樣的湯汁來煮雜糧飯。

黃薑是世上最備受研究、最有療效的食材，但因為黃薑是脂溶性，所以必須烹飪得法，否則不利身體吸收。

桑葉茶應該於飯後喝，有降血糖、減肥功效。如果覺得寒，可以加十粒枸杞子。

改善糖尿病食療：每天早上空腹服用一包「古方心路通」，然後散步一小時，回家後服用蜂皇漿與維他命D，二十分鐘後食早餐，飯後喝黑茶加肉桂粉，每次半茶匙。同時要節食，少吃肉，多吃蔬果，晚上不要吃水果，以免血糖升高。

願宇宙賜我們力量

讀者黎小姐來信分享去「食療主義」做生物共振測試後的訊息。

「你好，多謝你在報章專欄上的分享，從文章中我了解到很多健康訊息，讓我們一家受惠，也讓我認識『食療主義』，我和丈夫都去了『食療主義』做過生物共振測試，了解到身體的需要，以致比以往健康；例如，明顯少了傷風感冒、頭痛等。我一直以來常有胃痛，中醫認為我胃酸過多，要我戒掉酸的水果和難消化食物，例如糯米、芋頭等。之前吃東西及睡覺都痛，而且肚子會發出聲音，腸會蠕動得難以入睡，更放出大量的氣。你曾經介紹過『食療主義』的木瓜素，所以我買了來試，結果胃痛的情況好了很多，雖然現在仍有不適情況，但比以往已是改善……黎小姐」。

這裏指的木瓜素不是自製的木瓜汁，是由整個青木瓜連皮連核製成（請參考我以前的文章），建議在餐前三十分鐘飲用七十五毫升，其中的消化酵素有利改善腸道環境以致不容惡菌生存，甚至可以消滅寄生蟲。

「我和丈夫都去了『食療主義』做過生物共振測試，了解到身體的需要，以致比以往健康，例如，明顯少了傷風感冒、頭痛等。」

以下這一則是食療主義的同事轉告的：「有客人到店反映，之前經常有肚瀉情況。飲了山竹汁一週後已開始有改善！首週一支山竹汁（大約一百十毫升）分三天喝，現在慢慢減量繼續喝」。山竹子改善腸漏症，建議加上益生菌，療效更好。

隨後的一則太可憐了：「本人朋友現二十六歲於數年前因自殺不遂，以致腦缺氧一直臥床至今。由於長期臥床引致全身關節僵硬和肌肉萎縮，亦因為一直昏迷只靠吊奶維生，朋友媽媽間中有煲湯水餵食。因此想請教有關食療幫助朋友改善情況。Z小姐」。但願我有辦法，但實在沒有，希望你有，告訴我，可以嗎？願宇宙賜我們力量。

不吃飯不吃麵，吃這個

減肥消腫不成功、皮膚病總不好……有可能是被每天吃的白飯、白麵害的，這種精煉食物缺少人體必須的礦物質，也會引起水腫和刺激免疫系統，只可以當趣味食品偶然吃。

我把三餐主食換成了雜糧飯，皮膚和體質都有改善。我會一次買齊這些食材：紅米、黑米、黑糯米、薏米、茨實、蕎麥、大麥、紅豆、黑豆、鷹嘴豆、綠豆、各種扁豆……回家後用一個玻璃罐子，把他們全部混合在一起。晚上量一杯這樣的雜糧，再加一把核桃仁，用清水浸泡一晚。早晨起來，把浸泡的水倒掉（這水用來淋花非常好），換上清水兩杯，用電飯鍋煮飯的模式烹飪一個小時。一次多煮一點放在雪櫃中，吃的時候加熱。這個飯很香，也可以不時改變風味：加點黃薑粉、孜然、豆蔻粉、一點鹽，便成了「中東風味」；加點橄欖油、一點鹽、一點胡椒，便成了「地中海風味」；有時候加點黑芝麻醬、炒過的番茄、一湯匙椰子油，便成了「嚴Sir百吃不厭風味」。

「勞心者大部分都脾虛，包括我，我會先用黨參二十克（先浸泡半日或者一晚），大紅棗去核十粒（切開），用一升水煮三十分鐘，然後取汁，用這樣的湯汁來煮雜糧飯。」

你還可以用攪拌機把這樣的一碗飯全部打成糊，不但更有利於消化吸收，連家裏的老人和小孩也會很喜歡這樣的營養餐。建議不論甚麼口味都加入一湯匙椰子油和一隻炒過的番茄，對健康有長期的好處，也更好吃。

勞心者大部分都脾虛，包括我，我會先用黨參二十克（先浸泡半日或者一晚），大紅棗去核十粒（切開），用一升水煮三十分鐘，然後取汁，用這樣的湯汁來煮雜糧飯。也可結合自己體質變花樣：肝火旺的人用菊花水煮粥；腎虛的人用肉蓯蓉、杜仲、製首烏煲水煮粥；心火旺的人加點蓮子百合，等等。（未完）

經過動物測試的食療

每天都應該吃的食物中，不可以少了黃薑turmeric，這種放在咖喱中的普通食物，竟然是世上最備受研究、最有療效的常用香料！它的療效主要來自黃薑中的「薑黃素」curcumin，從過去五十年的研究顯示，薑黃素的功效可能覆蓋以下幾種。

一、抗炎——體內發炎是多重病症的共通點，包括肥胖、皮膚病、心血管問題、糖尿、高血壓、高膽固醇。

二、提升免疫力。

三、增加血液循環保護關節——改善人、甚至馬和狗的關節痛症。

四、調節基因活動——破壞癌細胞而保護健康細胞。

五、減低血管增生——防止增生的血管提供養份給癌細胞以及脂肪細胞，有餓死癌細胞和脂肪細胞的功效。

六、幫助肝臟排毒——減低谷胱甘肽的流失。

七、保護腦神經——幫助預防柏金遜和Alzheimer's等腦退化病症。

黃薑中的薑黃素是脂溶性，所以食法要正確才有效。最佳食譜：自製黃金醬Golden Paste。這是一位澳洲獸醫Doug English憑知識與經驗研究出來的，他成功治理好無數動物後，發覺用在人身上也一樣有神奇療效，換句話說，這是「經過動物測試證明有效的食療」。（未完）

黃薑中的薑黃素是脂溶性，所以食法要正確才有效。

世上最有療效的食材

黃薑turmeric是世上最備受研究、最有療效的食材，但因為黃薑是脂溶性，所以必須烹飪得法，否則不利身體吸收。

上文介紹了一個「經過動物測試證明有效的食療」——黃金醬Golden Paste，如下：半杯黃薑粉，三分之一杯（七十毫升）冷榨椰子油，一茶匙半鮮磨黑胡椒（大約七點五毫升），一杯水（二百五十毫升）。

將黃薑粉和水混合在鍋裏用慢火輕輕攪拌約七至十分鐘，如太稠可再加點水。在此步驟完成後，然後才可以加椰子油和黑椒粉，全部拌勻變成金黃色的醬。攤涼後可放雪櫃保存兩星期，或分小包放入冰格保存更長時期。食用方法沒有準則，可開始每天四分之一茶匙一至三次，慢慢增加至半茶匙每天三次。或隨意加在早餐麥皮、飯菜、湯或飲品smoothie裏，加一點蜂蜜味道更好。這是方便自己經常食用黃薑的方法，也是根據實戰效果被證明對健

黃金醬可開始每天四分之一茶匙一至三次，慢慢增加至半茶匙每天三次。或隨意加在早餐麥皮、飯菜、湯或飲品smoothie裏，加一點蜂蜜味道更好。

康大有好處的食療。如果不能接受黃薑的味道可服用薑黃補充劑，黃薑的療效主要來自其中的「薑黃素」curcumin，食用多少要視乎你身體的需要，並觀察情況有否改善。一般不會過量，因為如太多不能吸收，六至八小時後會排走，所以一次過吃太多也沒用，最好少量分批吃。以上食材全部在食療主義有。（未完）

人類在泥漿中打滾的制度

希望通過服食布緯食療改善癌症的人可以考慮加入黃薑粉，由每天加一茶匙起，根據自己的身體狀況調整。皮膚病、關節炎患者、希望清肝排毒、希望改善或者防止腦退化的人都適合，可用黃薑粉自製黃金醬，方法請參考前一篇文章。

黃薑粉、薑黃素都有薄血功效，但是沒有薄血丸的副作用，平常服用薄血丸的人可以請教醫生用黃薑代替西藥，但如果同時服用黃薑和薄血丸則有可能功效太大而產生問題，這些細節都應該重視。本專欄的宗旨是提倡盡量用上帝為我們提供的大自然食療代替一些有副作用的西藥，不過在用食療代替西藥的過程中應該有醫生監護，但很難找到有同樣理念的醫生，這是可以理解的，不符合醫療制度有機會令醫生受到質疑甚至處分。

人類訂立制度去提升生存的質量，但任何人為的制度都不可能完美，不論是政治制度還是醫療制度、教育制度或者具體到清潔城市的制度，如果沒有一群有制度概念的人去執行，就不可能有健全的制度，底線是：乾淨的人有乾淨的制度，不乾淨的人有不乾淨的制度，不提升人的素質，即使實現民主制度，也不過成為展示人性的另外一個平台，只換平台不換人心，好比換湯不換藥。民主大國中的國際大藥廠賄賂官員左右醫療方法和醫藥內容的內幕早就不是新聞，結果是連皮膚病都治不好，感冒就更不用說了。社會的醫療制度，好比政府允許人民在以制度為名的保護傘下生存，但這種生存質量等於是讓所有地球人在泥漿中打滾。（未完）

黃薑粉、薑黃素都有薄血功效，但是沒有薄血丸的副作用，平常服用薄血丸的人可以請教醫生用黃薑代替西藥，但如果同時服用黃薑和薄血丸則有可能功效太大而產生問題，這些細節都應該重視。

黃薑治療寵物秘方

有關服用黃薑的細節：由於薑黃素是脂溶性（亦溶於酒精），所以一定要混合油一起吃，加上黑胡椒效果更加大增，因為黑胡椒中的酵素piperine會增加消化道的吸收，也減慢黃薑在肝裏的代謝，讓身體有更多時間吸收和轉化薑黃素的療效。

食用黃薑粉要加熱，水煮七至十分鐘後才能溶在水裏，然後加油混合，效果更好。請參考前文的黃金醬做法。

孕婦不宜大量食用，因為有可能身體不適應。不過在餵奶期間可能會增加奶量。有膽痛或嚴重膽石問題不應食用，有機會令膽收縮引致痛症。糖尿病人食用期間要定時檢測血糖，因為薑黃素有機會降低血糖，如正在打針服藥，要注意不能讓血糖降到太低，必須及時調整藥物分量。黃薑含有幾百種植物成分，其中的薑黃素只佔百分之三，所以當食物長期食用十分安全。

黃金醬可以用在寵物的健康上，改善腫瘤、皮膚病、關節炎、糖尿病等。……動物則按動物大小調節，譬如馬需要較大量，小貓、小狗就只需很少，原則是，不論人還是寵物，要常吃、不可以一次多吃，才有療效。

如果不能接受黃薑的味道，或者身體有很大的需要，可選擇優質薑黃素補充品，但薑黃素含量過高的產品反而不好，其中也需要包含黑胡椒和其他成分，以產生協同效應，發揮最大作用。

黃金醬可以用在寵物的健康上，改善腫瘤、皮膚病、關節炎、糖尿病等。人開始時用四分之一茶匙混在食物中，動物則按動物大小調節，譬如馬需要較大量，小貓、小狗就只需很少，請根據需要慢慢加，原則是，不論人還是寵物，要常吃、不可以一次多吃，這才有療效。被黃薑染色的皮膚可以用油或者酒精清潔。下文分享黃薑炒藜麥的吃法。（未完）

好味道

黃薑炒藜麥飯

我曾在專欄中介紹藜麥的益處，但藜麥吃起來口感有點「散」，不像白米會有黏糯的感覺，嘴刁的（包括我）就覺得藜麥不可口。我的信念是：養生食療必須可口，因為可口才能堅持。經過一段烹飪試驗，找到了一個令藜麥變得可口的方法，現在和大家分享。

一、藜麥一杯浸泡一晚，或起碼二至三小時，倒掉浸泡的水，略為沖洗，將泡過的藜麥放進電飯鍋，加水到一杯米的刻度，用煮飯模式煮熟。

二、準備一塊約大拇指大的新鮮黃薑，或者按個人喜好增加／減少薑的分量，把黃薑磨成薑茸。也準備適量黑胡椒粉、一個番茄。

三、另外備一個鍋，鍋中放適量油，用堅果油會更加好味道一些，喜歡椰子味的可用椰子油，不要等油熱，先後放入黃薑茸、黑胡椒粉和番茄，當低溫油把薑與黑胡椒的香味慢慢釋放出來時，加入煮好的藜麥略炒，最後用適量鹽調味。一份十分美味的黃薑炒藜麥飯就做成了！

新鮮黃薑不太容易買到，街市上還有用普通薑扮的假黃薑，如果有這種情況，可以用黃薑粉代替新鮮黃薑，把一湯匙黃薑粉拌入藜麥放進電飯鍋中煮。

還有一個改善口感的加強版。用四分三杯藜麥泡水，泡好後，加入四分一杯黑糯米，攪拌一下，用電飯鍋一起煮，然後才炒。

新鮮黃薑不太容易買到，街市上還有用普通薑扮的假黃薑，如果有這種情況，可以用黃薑粉代替新鮮黃薑，把一湯匙黃薑粉拌入藜麥放進電飯鍋中煮。在油炒的過程中，番茄釋出茄紅素，黃薑或者黃薑粉遇到油與黑胡椒後釋放出薑黃素，健康價值爆燈。還有更簡單的方法：在加熱至低溫的油中直接加入黃金醬，然後加入煮好的藜麥略炒！（黃金醬做法請參考前文）（完）

桑葉茶含鈣比牛奶高二十五倍

香港本來不流行桑葉茶，自從我發現桑葉的好處，就請「食療主義」的團隊去找，前提是無污染，無農藥的純天然桑葉，結果在尼泊爾找到了。

尼泊爾人少，有大片無人山林，很適合要求，而且還是由山區婦女手工製造。

桑葉茶的好處只在近年才被西方社會發現。我在英文網站上看到一篇文章，講到我國在三千年前已懂得桑葉茶的藥用價值，用在清風熱、清肝、改善視力上，還包括改善咳嗽和感冒、眩暈、痢疾、胃痛等。西方人發現桑葉茶中含的鈣比牛奶高二十五倍，鐵元素比菠菜高十倍，纖維比茶高兩倍，更發現桑葉茶可以減壞膽固醇、減肥、調整血糖改善糖尿病、改善血液循環、預防和改善着涼感冒。

西方人發現桑葉茶中含的鈣比牛奶高二十五倍，鐵元素比菠菜高十倍，纖維比茶高兩倍，更發現桑葉茶可以減壞膽固醇、減肥、調整血糖改善糖尿病、改善血液循環、預防和改善着涼感冒。

西方人更發現桑葉茶可以抗氧化提升免疫力，含有抗癌的生物鹼類、十八種氨基酸、鉀（降血壓）、鈉、鎂（放鬆氣管）、鐵、維生素A、B_1、B_2、C，咖啡因只有百分之零點零一，等於沒有。桑葉茶可以控制糖尿病，因為飯後服用桑葉茶，可以控制血糖升高。如果可以調整血糖，意味着可以控制體重。

今年四月底尼泊爾發生地震，影響了桑葉茶的來貨，地震過後恢復供應，同事們把第一批茶的收益全數捐給尼泊爾災民，連帶也把產自尼泊爾蠶絲精華提煉製造的肥皂、面膜、潤膚水等收益都捐贈給災民。這些產品本身就來自尼泊爾的可持續發展工藝，屬於慈善公益。

桑葉茶成為國際明星

根據網上資料，桑葉茶的好處愈來愈受國內外的發掘和認可，以下跟大家分享一些資料。

「英國《每日郵報》曾經刊登新加坡的一項研究，桑葉茶中的有益物質可提煉成有效抗癌藥，而且副作用小。這項來自新加坡生物工程和納米技術研究所的研究發現，桑葉茶中富含的茶多酚與抗癌藥赫賽汀結合，可以變成一種穩定而有效的複合藥物直擊腫瘤部位。與不含茶多酚的赫賽汀相比，該藥物控制腫瘤生長的效果更好，還能延長藥物在血液中的半衰期，使藥力更持久。」

根據美國腫瘤專家李威廉醫師的研究，現在我們知道「可以變成一種穩定而有效的複合藥物直擊腫瘤部位」，具體意思，包括截斷供應腫瘤營養的微血管增生。

報道又說：「日本曾花九年時間調查，發現每天喝四杯桑葉茶能將癌症風險降低百分之四十；歐美多國研究證實，桑葉茶能降低乳腺、前列腺、肺、口腔、膀胱、結腸、胃、胰腺等多部位腫瘤發生的危險性；復旦大學遺傳工程國家重點實驗室與美國約翰·霍普金斯大學醫學院共同研究發現，桑葉茶對抗癌藥物中的毒副作用有明顯解毒效果，癌症病人在服用抗癌藥柔紅黴素

日本曾花九年時間調查，發現每天喝四杯桑葉茶能將癌症風險降低百分之四十；歐美多國研究證實，桑葉茶能降低乳腺、前列腺、肺、口腔、膀胱、結腸、胃、胰腺等多部位腫瘤發生的危險性……

的同時多喝桑葉茶，能大大提高其療效。」

桑葉茶還有很多保健功效：一、保護視力。二零一零年美國一項研究發現，桑葉茶中的多種複合物對眼部組織，尤其是與角膜相關的組織有保護作用。（未完）

桑葉茶是超值茶

二、預防癡呆。七十歲以上的人平均每天喝四杯桑葉茶（以一個茶包一杯為準），出現抑鬱症徵狀的機率減少百分之四十四；每天喝兩杯以上桑葉茶的人，癡呆機率比每周喝三杯以下的同齡人低一半。

這是日本東北大學研究人員對超過一點四萬名六十五歲以上老人，隨訪三年後得出的結論。三、抗毒殺菌。發表在《美國科學院學報》上的一項研究稱，桑葉茶富含茶氨酸，可使人體抵禦感染的能力增強五倍；用桑葉茶漱口能有效預防牙齦出血和蛀牙。四、強健心臟。日本東北大學研究發現，與一天喝少於一杯桑葉茶的人相比，每天喝五杯以上桑葉茶的男性，因心腦血管疾病死亡的風險減少百分之二十二，女性則減少百分之三十一。五、延緩衰老。桑葉茶中富含抗氧化劑，有助強化腿部肌肉組織，對老年人一樣有效，能抗衰老，還有助平衡膽固醇含量，保持體重。

桑葉茶應該於飯後喝，有降血糖、減肥功效。如果覺得寒，可以加十粒枸杞子。桑葉茶如果有助強化腿部肌肉組織，那相當了不起，腿部肌肉和手臂、胸肌等大肌肉群愈發達，愈能促進身體分泌青春荷爾蒙，年紀大了以後要特別注意練肌肉，病痛少很多，皮膚也不容易皺；這種荷爾蒙叫青春荷爾蒙，不是為了説着好聽。

桑葉茶是一種未發酵的茶，含四百五十多多種有機化合物、十五種以上無機礦物質，大部分具有保健防病功效，其主力是茶多酚、葉綠素、茶氨酸、氨基酸、維生素等物質，茶多酚中的兒茶素抗癌的效果最佳，上述營養物質是所有茶類中含量最豐富的。

為了找最好的無污染桑葉茶，「食療主義」團隊從尼泊爾潔淨山區找到

桑葉茶應該於飯後喝，有降血糖、減肥功效。如果覺得寒，可以加十粒枸杞子。

全人手製造的產品，有需要請諮詢佐敦德成街店，電話：2690 3128。

四季皆大汗，怎辦？

讀者來信問有關出汗問題。

「我今年五十九歲，女，偏瘦，精神、睡眠和吃飯都好。基礎代謝、血壓、血糖、血脂也沒有問題，就是比一般人出汗多，夏天更明顯，剛睡醒時先出一陣汗，而且有點像更年期那種潮熱出汗，但是我早已過了更年期。活動時也比別人出汗多。

「我現在已經堅持油拔法，吃十穀米、亞麻籽油、亞麻籽粉、椰子油半年了，間斷吃過布緯，期間有一次喉嚨痛發燒至三十九度，如果從前肯定要吃消炎藥才行，但這次我只是睡了一天，甚麼藥也沒吃，到晚上便好了。但

桑葉治這種盜汗有效，每天用一、兩包桑葉茶代替普通茶葉，泡的時間長一點，讓味道出來，逐漸有效。

對出汗多這個問題好像改善不明顯。我有個親姐六十三歲，身體也是沒甚麼毛病，就是出汗多，比我還要多，一天要換大大小小十七件衣服。一併向你請教，不勝感激！」

關於止汗，自古以來的中醫典籍都盛讚桑葉，稱讚桑葉為「收汗之妙品」。但出汗有幾種分別，一般因為高溫所引起是正常出汗；入睡後不自覺的出汗，醒後即停止叫做盜汗，是不正常的。桑葉治這種盜汗有效，每天用一、兩包桑葉茶代替普通茶葉，泡的時間長一點，讓味道出來，逐漸有效。

讀者問的出汗叫自汗，應該與甲狀腺機能亢進有關，可以試試服用中成藥玉屏風散，但應該先問過中醫。也可以從改善營養方面考慮，補充維他命D，同時服用印度人參。不過，每個人的體質並不一樣，建議去「食療主義」做一個生物共振測試，度身訂造一套適合自己的食療。

遏制人體吸收鉛的食物

早前有屋邨發現食水中含鉛，這對健康是很嚴重的威脅，如果不及時發現，對孩子的發育有無法逆轉的傷害，特別是神經系統、血液和造血系統對鉛最敏感，對大人的傷害一樣嚴重。

出版社希望我介紹一些食療可以排出身體裏的鉛，其實在新出版的《嚴浩秘方治未病》中，已有詳細排重金屬的食療法，例如服食ECM葉綠素排毒粉。不過，我可以針對鉛毒再多分享一點常識。血中鉛濃度愈高，血壓愈高，引起心肌梗塞、腦中風等病，有人想盡方法都無法令血壓降下來，有可能是鉛中毒，建議去做一個生物共振測試。鉛進入身體後就蓄積在骨頭中，令我們骨質酥鬆。鉛與鈣在體內的代謝過程相似，服食含鈣高的食物有可能防治鉛蓄積，不過，如果已經有重金屬中毒，則先必須排毒。

平時要戒冷飲，戒垃圾食品，少吃皮蛋，在這個基礎上，多服用以下含鈣高的食物，包括：海帶、紫菜、蝦皮（每五百克蝦皮的含鈣量高達

鉛進入身體後就蓄積在骨頭中，令我們骨質酥鬆。鉛與鈣在體內的代謝過程相似，服食含鈣高的食物有可能防治鉛蓄積，不過，如果已經有重金屬中毒，則先必須排毒。

二百五十克）、奶類、豆類及其製品、蟹、芝麻、薺菜、芹菜葉、蘿蔔葉、萵苣葉、杏仁、瓜子、合桃仁、柑桔、薯仔、骨頭湯（加少量醋同煮，有利於鈣溶出）。

除了含鈣的食物之外，也多吃富含維生素C的食物，遏制人體對鉛的吸收，使鉛變成垃圾隨糞便排出體外。（未完）

排鉛毒湯水

常人每天應攝入一百五十毫克維生素C，已確診為鉛中毒者可增至二百毫克。奇異果、棗、柑等水果所含的果膠物質，可使腸道中的鉛沉澱成糞便排出；油菜、捲心菜、苦瓜等蔬菜中的維生素C與鉛結合，也隨之成為垃圾排出體外。

排鉛毒

海帶是最高效的排鉛食品，含豐富褐藻氨酸、膳食纖維，與鉛結合形成凝膠排出體外。海帶中富含碘、硒、鈣、鐵，遏制鉛吸收。還有高效排鉛食品——蝦皮（就是蝦毛，超市有售），每五百克蝦皮含鈣量高達二百五十克，而鈣有助於把鉛排出體外。把兩者加起來，就得出一個家喻户曉的菜——海帶蝦皮湯！這個普通的湯水就有排鉛毒的大本領。

做法：一、洗淨海帶後切成絲；二、小鍋內燒清水，水開後放入海帶，略煮兩至三分鐘，去海帶上的雜質，撈出待用。煮過的湯水不要，倒掉；三、鍋內再倒入清水，放入煮過的海帶，加一片薑去寒，大火燒開後轉小火慢煮，加入蝦皮，煮約二十分鐘後即可食用。

另外，還有一個「海帶蝦皮湯小兒版本」，孩子不愛吃海帶，把煮好的海帶蝦皮放進攪拌機打爛，吃時再加一點蜂蜜便可。

此外，紫菜也有很高的排鉛功效，加入這個食療，通過同位共振原理可加大療效。也可以多吃奇異果，讓其中的果膠物質包着腸道中的鉛排出；又

海帶是最高效的排鉛食品，還有高效排鉛食品——蝦皮，每五百克蝦皮含鈣量高達二百五十克，而鈣有助於把鉛排出體外。把兩者加起來，就得出一個家喻户曉的菜——海帶蝦皮湯！這個普通的湯水就有排鉛毒的大本領。

或者去「食療主義」諮詢有關「葉綠素排毒法」。

我去年出版的兩本書《嚴浩秘方治未病》與《嚴浩偏方》，除了食療，也分別講「生物共振」與「抗電磁波輻射」，兩書雙劍合璧，便可明白改善健康的終極秘密。

飲了鉛水也不怕

我曾經介紹過一個改善香港腳的食療，連吃兩個星期後見效，但味道不好，見效也比前文介紹的礦物粉泡腳法慢。

那個食療是這樣的：花生連衣、紅棗、核桃仁、生薏米、赤小豆各四十克，大蒜三十克，放適量水當湯煮，每天喝兩、三次，連湯渣一起吃掉。用高壓鍋煮大概二十至三十分鐘，重要的是把花生與豆煮軟。

早前香港鬧出食水含鉛事故，進入了身體中的鉛，其實也能通過服用葉綠素混合礦物質排出。

為身體排毒很重要，除了中醫說的濕毒，還有重金屬毒，有關文章已經收錄在我的書中。身體累積了重金屬，會產生種種的不舒服，可能看遍了中、西醫都查不到有病，也只有天然食物有排重金屬的功效。

天然排出體內重金屬的方法，就是利用豐富的葉綠素混合礦物質。我曾報道過，科學家做過一個實驗，餵懷孕的白鼠同時服用葉綠素和甲基水銀，實驗結果顯示：持續服用葉綠素可以遏制汞進入胎兒，同時遏制汞積累在母體大腦。

早前香港鬧出食水含鉛事故，進入了身體中的鉛，其實也能通過服用葉綠素混合礦物質排出。「食療主義」的ECM排毒粉含有超過十種含豐富葉綠素的植物，也含有特選鹼性的天然礦物質。ECM是細胞外基質（extracellular matrix）的簡稱。排出重金屬毒與細胞外基質有甚麼關係？我們再來了解一些身體的密碼，對身體的結構了解愈多，你從鏡子中看見的自己愈多「內涵」，你對創造我們的大自然會更心存敬愛。（未完）

ECM排毒粉打低體內重金屬

看過打怪獸電影嗎？有些怪獸體外有一層厚厚的金屬，武器彈藥怎樣也無法打穿，然後出現一個科學怪人，這個科學怪人破解了怪獸體外金屬盔甲的構造密碼，然後從大自然中找到一些常見東西，就把怪獸體外的重金屬盔甲化作一灘液體。

這好比入侵我們體內的重金屬，重金屬入侵我們身體後，會令細胞與細胞間的膠原蛋白和透明質酸區域硬化，也會堆積在淋巴系統，使淋巴硬化。

食療主義的ECM排毒粉，有超過十種含豐富葉綠素的植物，也含有特選鹼性的天然礦物質，這兩種物質混合後是這樣對付體內重金屬的：

淋巴如果長期積聚重金屬或其他毒素，好比坑渠堵塞，有可能變成淋巴癌，腎臟如果長期處理重金屬，其中的強酸也有可能引起腎衰竭，這樣便需要補充另外一種叫Rayobase的酸鹼調節劑，提高淋巴和腎臟處理重金屬強酸垃圾功效，最終把重金屬排出體外，完美地完成任務！這兩種營養補充劑

葉綠素負責把硬塊軟化，溶解後的重金屬成為重酸性垃圾，鹼性礦物質把這種特殊的垃圾捆綁、打掃、緩衝，然後通過淋巴分別輸送到皮膚和腎臟，成為汗液或尿液排出體外。

都是天然粉劑。

西藥和中藥本身都沒有排重金屬毒的傳統，從另一個角度來看，西藥的製造以化學合成為主，現代的中藥由於人為原因，不少中藥本身也含重金屬毒，兩種藥物的毒素都有機會積累在體內。

食療不是萬能，但食療可以補充主流醫藥的空白。（未完）

ECM加酸鹼調節劑 清腸排毒

怎樣才能知道身體是否有重金屬毒？一般通過四種比較主流的方法：驗小便、驗血、驗頭髮和指甲。

身體中的重金屬分兩種，一種來自「真的」重金屬叫無機（inorganic）重金屬，譬如補牙中的汞、食水中的鉛，一般通過驗尿作測試，也是測試砒

重金屬中毒會影響腸胃和神經系統，腸胃是我們的第二個腦，它厲害得有自己的一套腸道神經系統。

霜中毒的方法。另一種叫有機重金屬，譬如來自肉類，或魚中的甲基水銀，這些生物吃了被工業污染的食物，然後在食物鏈中傳播，一般用驗血測試。頭髮和指甲測試只適合已有一段時間的重金屬入侵，驗近期的入侵無效。以上資料參考自美國非牟利AACC化驗室（Lab Tests Online）。

重金屬中毒會影響腸胃和神經系統，腸胃是我們的第二個腦，它厲害得有自己的一套腸道神經系統（enteric nervous system）。「食療主義」的ECM排毒粉對一般毒素和重金屬排放有效，如何知道有效？最好在排毒前和後都做測試，或者留意觀察徵狀，譬如「食療主義」的營養師和一些家長，會留意到一些有多動症的小朋友，還未開始戒口或做能量平衡，單憑服用ECM、益生菌和蒜頭水以後，情緒已明顯穩定，專注力增加。ECM對過度活躍的孩子有明顯改善作用。

「食療主義」的營養師Ruth曾自爆在中秋佳節多吃了月餅，高糖又肥膩的月餅，引致大腿內側皮膚長濕疹，她服用ECM，加上Rayobase酸鹼調節劑，三天後濕疹消失。排毒過程會流失礦物質，此時便需要額外補充酸鹼調節劑。

重新認識蜂皇漿

二零一二年時，《中國結合醫學雜誌》英文版《Chinese Journal of Integrative Medicine》發表了一篇有關蜂皇漿可以有效控制糖尿病血糖高的科研文章。

這篇文章在西方被廣泛引用，以致美國湯森路透公司Thomson Reuters Corporation在二零一三年發布這篇文章的「影響因數Impact Factor達一點零五九，成為（美國）國內中醫藥類雜誌影響因數之首。」

《中國結合醫學雜誌》英文版是我國第一本被美國《科學引文索引》SCI收錄的中醫及結合醫學領域的雜誌；湯森路透是一家商業數據提供商，全球僱員大約六萬人；而SCI（Science Citation Index）更厲害，是美國科學情報研究所出版的一部世界著名期刊文獻檢索工具，它收錄全世界出版的數、理、化、農、林、醫、生命科學、天文、地理、環境、材料、工程技術等自

糖尿病是可以預防的，如果已經得糖尿病，通過改變飲食與生活方式也可以好轉，新的發現指出蜂皇漿是有效的食療，對糖尿病引起的血糖高有效。

然科學各學科的核心期刊。以上曬名牌的原因，是用來證明這篇文章的真實性與權威性。

糖尿病是可以預防的，如果已經得糖尿病，通過改變飲食與生活方式也可以好轉，新的發現指出蜂皇漿是有效的食療，對糖尿病引起的血糖高有效。但根據更多的資料，蜂皇漿有效改善疾病的範圍遠遠不止糖尿病。（未完）

蜂皇漿不止對糖尿病有效

其實糖尿病的形成是吃得太多但走動太少，如果反過來，控制飲食再加上經常散步走動，可以站的時候絕對不坐，就很難得糖尿病；就算得了糖尿病也會好轉。

所以換個角度大膽講，糖尿病是很容易改善的病，關鍵是個人想改變生活方式的決心有多大。

最新研究是，蜂皇漿不止對糖尿病有效，對包括哮喘、關節炎、潰瘍、甚至腎病也有效。

在香港，每十個人中便有一個是糖尿病患者，糖尿病患者也年輕化，每個月被確診患糖尿病的青少年有四、五個；在內地的糖尿病患者更超過一億！這個事實在傳遞一個資訊：現代人患糖尿病的機率非常高，已到了稍一不慎就中招的程度。

這個以蜂皇漿為食療的實驗，有五十位患二型糖尿病的女性參加，一半每天服用一千毫克蜂皇漿，一半服用安慰劑，實驗時間有八個月。結論是：蜂皇漿中含有接近胰島素的物質，降低血糖的效果極其明顯，對改善糖尿病有效。

最新研究是，蜂皇漿不止對糖尿病有效，對包括哮喘、關節炎、潰瘍、甚至腎病也有效。

問題是世上蜂皇漿的產量很少，根據網上資料：「蜂王漿是世界稀缺資源，全球總產量不足四千噸，中國佔百分之九十以上。二零一三年，中國蜂王漿總產量下降至三千噸左右，總銷售量下降至二千八百噸，主要原因是內銷市場大幅減少。」

中國是世上產蜂皇漿最多的國家，但內地處處過分發展，空氣污染嚴重，哪來那麼多的小蜜蜂呢？這個數字叫人生疑。「總產量下降主要原因是內銷市場大幅減少」，這真的是主要原因嗎？（未完）

嗡嗡嗡，做死小蜜蜂

當生態環境被污染，蜜蜂就無法生存。事實上，不止中國而是全球的蜜蜂數量都在急劇下降，科學家認為這些原因也包括蜜蜂被害蟲殺害、營養不良、汽車尾氣污染等諸多因素。

倫敦大學皇家霍洛威學院發現，非致命劑量的農藥，雖然不會立即殺死蜜蜂，但後果卻比這個更可怕，竟會對整個蜂群有毀滅性作用！換句話說，農藥影響到每隻蜜蜂。蜂群中有不同工種的蜜蜂，有嚴格的分工，蜜蜂中毒後行動開始遲緩，漸漸無法執行牠們在蜂群中應該完成的任務，然後逐漸變成殭屍蜂。

蜂群中有嚴密的分工，當殭屍蜂無法工作，工作便被轉嫁到本來擔任其他工種的健康蜜蜂身上。這些可憐的小蜜蜂變成要做幾份工，一直做到累死為止。所以大量蜜蜂死亡，累死也是其中一個原因。真同情這些勤勞的小蜜蜂。

除了以上的原因，野花數量下降也導致蜜蜂營養不良；天氣狀況差，也

非致命劑量的農藥，雖然不會立即殺死蜜蜂，但後果卻比這個更可怕，竟會對整個蜂群有毀滅性作用！換句話說，農藥影響到每隻蜜蜂。

是附加的原因。蜂群就這樣一年又一年逐層瓦解。

蜜蜂每年大量死亡是世界性問題，難道生態被嚴重污染的中國內地會是例外？現在看看內地的情形。蜂皇漿的全球總產量不足四千噸，而中國佔百分之九十以上，有可能嗎？看看一些網上資料：「（中國）一九九零年農藥施用總量約為七十萬噸。二十年後的今天，這個數字已變成了一百七十多萬噸，大量農藥進入生態環境，最終通過食物鏈進入人體。除了化肥農藥，工礦企業廢水等污染已令到中國耕地不堪重負……」（未完）

改善糖尿又減肥

在網上有關內地蜂皇漿的資料，都避談生態污染對養蜂業的影響，除了鋪天蓋地的農藥污染，還有污水。

「中國因污水灌溉而遭受污染的耕地達三千二百五十萬畝，全國有百分之七十的江河水系受到污染，其中百分之四十基本喪失了使用功能，流經城市的河流，有百分之九十五受到嚴重污染……」

先不談蜜蜂產品是否受到污染，但是否真的還可以年產幾千萬噸純蜂皇漿？肯定不會加進「另類蜂皇漿」嗎？蜂皇漿本來的產量就非常稀有，一個大蜂巢每五到六個月只可以生產五百克蜂皇漿，那幾千萬噸需要多少個蜂巢？

反正大家在決定購買蜂皇漿時應該要小心，找信得過的商店比較放心，不建議用膠囊形式的，要用高質素、新鮮、從生產地開始到商店都全程冷藏的新鮮蜂皇漿。

國外有更多關於改善糖尿病的食療，其中包括肉桂和人參，還有每天堅持喝黑茶，每天服用維他命D。這些食物，包括蜂皇漿，如果一起吃，譬如黑茶加肉桂，或者加蜂皇漿，互相之間產生的協同效應會更大。這些食品還有減肥作用。

糖尿病與肥胖與血脂有直接關係，如果同時減少血脂，對改善糖尿病一定有用。建議每天早上空腹服用一包「古方心路通」，然後散步一小時，回家後服用蜂皇漿與維他命D，二十分鐘後食早餐，飯後喝黑茶加肉桂粉，每次半茶匙。同時要節食，少吃肉，多吃蔬果，但晚上不要吃水果，以免血糖

國外有更多關於改善糖尿病的食療，其中包括肉桂和人參，還有每天堅持喝黑茶，每天服用維他命D。這些食物，包括蜂皇漿，如果一起吃，譬如黑茶加肉桂，或者加蜂皇漿，互相之間產生的協同效應會更大。

升高。看電視時不要坐，要站着看。也有人可能體質不一樣，不適合蜜蜂產品，建議先做一個「生物共振」測試，為自己度身訂造一套食療。

以上食材都可以諮詢「食療主義」，食療主義的蜂皇漿是特別從歐洲找來的。（地址：德成街4-16號地下，佐敦地鐵站D及E出口）

蜂蜜是天然抗生素

很少人知道蜂蜜是天然抗生素，人造抗生素有很多不良副作用，譬如會大量殺害腸道中的益生菌，但服用合理分量的蜂蜜對人體沒有任何害處（蜂蜜過敏者不適合）。

人造抗生素無法治療糖尿病所引起的肢體潰爛。這種肉毒桿菌又叫食肉菌，顧名思義是非常惡的菌，只有外用蜂蜜可以有效控制食肉菌，可見其殺菌功效之大。

蜂蜜適當加溫水稀釋後，殺菌功效增加一倍，蜜蜂餵初生BB吃也是用稀釋的蜂蜜（但不可餵一歲以下小童吃蜂蜜）。蜂蜜加水後產生過氧化氫（hydrogen peroxide，又叫雙氧水），有強烈殺菌作用，人造抗生素則含有化學合成的過氧化氫。蜂蜜水只需七分鐘便進入血管，發揮抗菌消炎的作用，每天喝一、兩湯匙蜂蜜水很適合流感季節。

現代西方醫學之父Hippocrates，生於西元前四三零年的希臘，他說：「你的食物就是你的藥。」他用兩種方法調製蜂蜜，一種是水，另一種是醋，但比較後認為加水調製的蜂蜜對治療傷口功效最好。

時移世易，由於食物無法成為賺大錢的專利商品，現代醫療體制不再推薦類似蜂蜜的食療。蜂皇漿同樣有很大的增加免疫力效果，但味道不是太好，有一個吃法：把蜂皇漿加在溫的蜂蜜水中攪勻，晨起空腹服用，這個方法還可以通便、消炎、修復受損組織。記得一定要選擇正貨，但這是個連國際名牌都造假的年代，為了放心，「食療主義」從歐洲找來優質蜂蜜和冷藏運到的新鮮蜂皇漿。食療主義的電話2690 3128。（蜂蜜不適合糖尿病引起的腎虛竭。糖尿病人只能適量服用蜂蜜，記住每一茶匙含約十七卡路里。）

蜂皇漿同樣有很大的增加免疫力效果，但味道不是太好，有一個吃法：把蜂皇漿加在溫的蜂蜜水中攪勻，晨起空腹服用，這個方法還可以通便、消炎、修復受損組織。

第五章

日食三種油 古方排膽石

澳洲堅果油與其他植物油的最大分別，在於它可以促進膽囊收縮，增加膽汁排出，更有效消化油脂。

澳洲堅果油中的棕櫚酸 Omega-7 含量竟是所有植物中最高！長期食用甚至可以扭轉老化的皮膚，減少肌膚皺紋、活化肌膚細胞。建議成人每天用一湯匙澳洲堅果油混在食物中吃，或用作烹調食物。

市面上的亞麻籽油、橄欖油和葡萄籽油等油聲稱煙點高，又富含有利心血管的多元不飽和脂肪酸，甚至是冷榨的，還適合高溫烹飪；事實上，含高量多元不飽和油脂（包括 Omega-3 和六脂肪酸）的油最容易氧化，絕對不能加熱做烹飪油。

少吃肉甚至不吃肉都沒有問題，關鍵在於必須戒除廚房中的精煉油，同時每天在食物中加入來自植物的飽和脂肪，譬如澳洲堅果油和椰子油。家中應該最少有三種油，標準是每天每種油一湯匙。

找到了油中王者！

記得很多年前，我曾經拍過一個劉德華的MTV，午飯後，劉華請我吃芝士蛋糕，我很喜歡吃芝士蛋糕，但這種食物不時替我帶來健康問題。

劉華的人很好，他請我吃的那個蛋糕也已經回味了超過十年，但那一次我剛好五臟違和，吃完油膩的芝士後膽囊炎發作，右上腹肋骨部位疼痛了幾天。

我從前的飲食習慣沒有一樣是好的，膽囊炎便成為一個老毛病，這些年來我注重飲食和養生，很多毛病都好了，唯獨膽囊炎找不到對症的食物。一直到不久前，我偶然發現夏威夷果仁油（Macadamia）有排除血脂、降血壓的功效，根據百度資料，還能促進膽囊收縮，增加膽汁的排出，更能有效消化油脂，如果每天服用，「可使油脂降解，容易被腸黏膜吸收。」

很少食物有利膽的功效，特別是食油！它的起煙點也很高，是極其理

夏威夷果仁油有排除血脂、降血壓的功效，根據資料，還能促進膽囊收縮，增加膽汁的排出，更能有效消化油脂，如果每天服用，「可使油脂降解，容易被腸黏膜吸收」。

想的煮食油。可惜市面上的夏威夷果仁油很昂貴，很難把它用作每天的烹飪油，但又被我發現所謂夏威夷果仁油竟原產自澳洲，澳洲到處都有！

這個線索幫助「食療主義」的團隊從澳洲找到一家質量有保證，價錢又公道的生產商，剛好遇到澳幣的匯率低，天時地利促成「食療主義」成功把這個名貴的油引進香港大眾的廚房！這是既可以生吃又可以高溫烹炒的一流好油，澳洲堅果油與冷榨椰子油同被西方人讚譽為油中王者，King of oil！

澳洲堅果油可調節血脂

澳洲堅果油俗稱夏威夷果仁油，還有其他魚目混珠的中文叫法，應該只認定原來澳洲土著叫的名字：Macadamia。

這種油與其他植物油的最大分別，在於它可以促進膽囊收縮，增加膽汁排出，更有效消化油脂。有種膽囊病叫「膽囊弛緩」，女性患者比較多。

膽汁的功能是消化脂肪，當脂肪進到腸內，膽囊會收縮並將膽汁排出來，但當「膽囊弛緩」，膽囊無法正常收縮，膽汁無法正常排出，脂肪無法消化，容易造成大肚腩，也引起大便長期不正常。

根據百度資料，針對這種病，澳洲堅果油具有極佳的療效，「與醫生所開的藥物和其他具有類似功效的食物相比，具有更快速和穩定的療效。」這是一個很了不起的健康線索！意味着澳洲堅果油對消化系統有特殊的貢獻，使消化系統有正常分解油脂功能，改善和延緩消化系統老化，對上年紀人士與肥胖者很有用。

由於有這種特別的性質，長期服用澳洲堅果油，可以「預防血栓形成，對血脂有調節作用，能有效降低血液的黏稠度，防止動脈粥樣硬化，可以有效保護心腦血管系統。」

在降低血壓方面：「國外於一九九六年進行一項研究，十六位血壓偏高的婦女同意在一個月的時間裏改吃澳洲堅果油。結果，她們的血壓平均從161/94降到了151/85，舒張壓與收縮壓幾乎都降低了十毫米汞柱。」

一般說的膽囊炎指有膽沙或者膽石，應該先排出膽沙膽石，明天順便講講讀者用食療方法排膽石的實戰經驗。

長期服用澳洲堅果油，可以「預防血栓形成，對血脂有調節作用，能有效降低血液的黏稠度，防止動脈粥樣硬化，可以有效保護心腦血管系統。」

印度古方排膽石清肝法

不久前，我在「食療主義」店裏遇到一位讀者，她本來有嚴重膽石，後來通過我介紹的排膽石清肝法治好了，排出來的膽石竟超過二十粒。

她特意把膽石沖洗乾淨後拍照留念，我看見手機上的膽石照片，果然大大小小琳琅滿目，不禁咋舌。

「排膽石清肝法」是一個印度古方，要用六天時間準備：頭五天，每天飲用至少四杯鮮榨蘋果汁（即每天一千毫升），於早餐前喝，以及餐前半小時與餐後兩個小時飲用，即每頓飯中間喝，不要在吃飯時與晚上喝，不可以單吃蘋果代替。必須戒冰、冷飲食、少肉、戒奶、戒煎炸、肥膩、戒奶油、少酒、戒煙。

到第六天，不吃晚餐，傍晚六點鐘，用暖水一杯沖一茶匙瀉鹽（Epsom Salt，藥房有售）服下。到八點，再飲一杯同樣分量的瀉鹽水，瀉鹽中有種物質能幫助打開膽道。十點，用半個檸檬的汁，加半杯約一百二十五毫升橄欖油，調混後飲下，也可以用「食療主義」的純正澳洲果仁油（俗稱夏威夷果仁油）代替橄欖油，這是為了讓膽石更容易通過膽道。此後，不再吃喝，要立即躺下，身體向右側臥。

第二天早上，大便中會有黃、綠色的膽石。此後每年都這樣清肝膽一次。

重要事項：一、當天任何油都不要服用，連煮食都不用油，以待突然攝入大量油時膽有強烈反應，幫助擠出膽石；二、若醫生認為膽石已經很大，有可能塞住膽管，便不可以用這個方法；三、未必每個人都成功，有可能在過程中嘔吐，但又排不出膽石。

「排膽石清肝法」是一個印度古方，要用六天時間準備，期間必須戒冰、冷飲食、少肉、戒奶、戒煎炸、肥膩、戒奶油、少酒、戒煙。

一招減少肌膚皺紋

皮膚未必隨着年紀大而變得雞皮鶴髮！想知道當中的秘密嗎？

原來皮膚需要一種叫棕櫚酸Omega-7(Palmitoleic Acid)的不飽和脂肪酸，那是維持健康肌膚細胞及身體黏膜的重要元素，能幫助消除自由基對皮膚細胞的損害，增加皮膚細胞的膠原，防止水份流失，維持肌膚彈性。

我們三十歲以下的肌膚叫年輕肌膚，本身就富含這種脂肪酸，但隨着年齡增長，身體無法及時生產而且快速減少。好消息是：澳洲堅果油（俗稱夏威夷堅果油）中的棕櫚酸Omega-7含量竟是所有植物中最高！長期食用甚至可以扭轉老化的皮膚，減少肌膚皺紋、活化肌膚細胞。建議成人每天用一湯匙澳洲堅果油混在食物中吃，或用作烹調食物。「食療主義」帶進香港的澳洲堅果油，從質量到價錢都最適合做每天的煮食油，對一家都有益，也可以當潤膚油按摩皮膚，或用來護髮。

澳洲堅果油能降血脂，減低「壞」的低密度膽固醇，提升「好」的高密度膽固醇，令我們更易控制體重。

澳洲堅果油能降血脂，減低「壞」的低密度膽固醇，提升「好」的高密度膽固醇，令我們更易控制體重。有好幾個研究顯示：棕櫚酸Omega-7還有減低胰島素抗性（insulin resistance）的功效，即雖然胰臟已產生正常濃度和分量的胰島素，但細胞沒反應。

在肌肉細胞內，胰島素抗性會降低葡萄糖的吸收和使用，在肝臟裏就會減低葡萄糖的儲備，這兩個情況都會導致血糖飈升，也是代謝綜合症、痛風和二型糖尿病的成因。澳洲堅果油的這種特性，對預防和改善糖尿病是一個重要線索。

食油也可成健康陷阱

有讀者問道，食療主義的澳洲果仁油（俗稱夏威夷果仁油）是物理壓榨油還是精煉油？

答：那絕對是採取物理壓力將油脂直接從果油中分離出來的，而不是用化學即溶劑以高溫「浸出」的精煉油。

這個問題問得好，化學精煉油是癌症愈來愈多的原因，植物中的天然脂肪已經被破壞，變成談虎色變的反式脂肪酸。身體產生大量自由基，令器官與關節發炎，對健康造成長期損害。二零一五年，美國立法要求加工食品（即一切方便食品）生產商在標籤上一定要列出反式脂肪的分量，即使少至半克以下，這修補了一個多年來的健康漏洞，香港消費者也應該有同樣的保障。但社會尚未注意到，市面烹飪用的精煉植物油也一樣含反式脂肪，不利健康。

不過，有一種油是更大的健康陷阱！這些油聲稱煙點高，又富含有利心血管的多元不飽和脂肪酸，甚至是冷榨的，還適合高溫烹飪；事實上，含高量多元不飽和油脂（包括Omega-3和Omega-6脂肪酸）的油最容易氧化，絕對不能加熱做烹飪油。多元不飽和脂肪只要稍微加熱就會釋出反式脂肪酸與自由基，如果長期做烹飪油，會令到器官和關節長期發炎，這種絕對不可以加熱的油包括市面上的亞麻籽油、橄欖油和葡萄籽油。

只有富含飽和脂肪酸的植物油可以做高溫烹飪油，譬如動物油、椰子

只有富含飽和脂肪酸的植物油可以做高溫烹飪油，譬如動物油、椰子油、澳洲堅果油、茶花籽油。

油、澳洲堅果油、茶花籽油。根據資料，澳洲堅果油富含飽和脂肪酸，是可以完全代替動物油的烹飪油，但多年來因為市價太高而無法進入大眾廚房，現在食療主義克服障礙，把這個夢想替大家實現了。

為甚麼會逐漸停經？

我在「食療主義」舉辦的澳洲果仁油（俗稱夏威夷果仁油）試食會上，遇到兩個才二十多歲的女孩子，不約而同講到同樣問題：甲狀腺過低，也有經期問題，甚至逐漸停經不來。

表面聽來，除了缺少運動，她們的飲食習慣都很好，少肉多菜，連魚也很少吃，也不晚睡，工作壓力屬於正常。她們的皮膚白皙漂亮，人除了瘦，甚至有一點氣若游絲，否則看不出有甚麼病。中醫可能會從脾胃虛寒、濕熱等方面論證她們的徵狀，但她們並不像一般虛寒的人會長期手腳冰凍，也沒有隨排洩不良而來的濕疹，其中一位已經連續吃了很多副中藥，但似乎也沒有甚麼成效。

當時我第一個直覺是對方家中有地理壓力，或者電磁波污染問題，其中一位聞言恍然大悟，她家窗外對面天台上有手機發射天線。

但直覺又告訴我，似乎後面還有別的成因，否則，為甚麼那麼多有同樣飲食習慣的女孩子有同樣徵狀（即有經期、甚至甲狀腺低下問題）？不可能每一個有這種徵狀的女性都有地理壓力或者電磁波污染影響。

當時我推測可能是這些女孩子無法消化蛋白質，或者蛋白質攝入分量不夠。要知道蛋白質是生命的本質，如果這些女孩子吃肉太少，又不注意補充來自植物的蛋白質，會造成很大的健康問題。但我的直覺還是不肯罷休，我連續翻查了幾天資料，發現了一個重要線索。（未完）

蛋白質是生命的本質，如果女孩子吃肉太少，又不注意補充來自植物的蛋白質，會造成很大的健康問題。

甲狀腺低又停經

二十多歲的女孩子，生活和飲食正常，不喝冷飲，多菜少肉，甚至不吃肉，為甚麼還是有不少人會有甲狀腺低和有經期問題，甚至逐漸停經？

如果經過西醫檢查認為沒有病，中藥也吃不好，又沒有地理壓力或電磁波問題，便要考慮其他的可能性：

一、腸胃無法代謝來自肉類的蛋白質，吃進肚的肉類無法正常消化，這個問題我們已經討論過，改善方法是在進餐前二十分鐘服用木瓜素，木瓜素是破解肉類蛋白質的高手，使身體容易吸收蛋白質。也可以重點服用含豐富蛋白質的植物，譬如藜麥、豆類等，這些食物可以補充各種氨基酸。

二、攝入的脂肪不夠分量或不夠全面。根據資料：人體中的飽和脂肪與不飽和脂肪的比例，飽和脂肪應該含百分之五十（油脂健康專家Dr. Mary Enig, Ph.D.），如果飽和脂肪不足，會令到甲狀腺低，新陳代謝受阻，女性周

逐漸停經的可能性有二：一、腸胃無法代謝來自肉類的蛋白質，吃進肚的肉類無法正常消化；二、攝入的脂肪不夠分量或不夠全面。

期不準，甚至停經！當少吃肉或者不吃肉，要特別注意每天補充來自植物的飽和脂肪，譬如椰子油與澳洲果仁油。根據Dr.Mercola的網站「How to Help Your Thyroid with Virgin Coconut Oil」，椰子油甚至可以治療甲狀腺低的問題。食物中飽和脂肪不足引起經期混亂甚至停經，請參考http://www.self.com/flash/diet-blog/2012/05/4-signs-that-you-dont-have-eno/（未完）

必須每天吃的三種油

大家明白了應該拋棄含反式脂肪的垃圾食物，也少吃甚至不吃肉類，一心只吃含豐富不飽和脂肪的食物，但新問題又出現了。

有為數不少的人已完全戒除垃圾食物，也不愛吃肉，只偶然吃一點魚，甚至全素，但卻忽略了細胞是否夠營養。須知道飽和脂肪酸、單元不飽和脂肪酸和多元不飽和脂肪酸，每樣都各有功效，缺一不可。另外，還要及時替換廚房裏的精煉烹飪油或容易氧化的油，這樣才能確保細胞健康。

人比黃花瘦，是因為細胞缺乏營養的原因。我們的食物種類從一個極端走到另一個極端，是新陳代謝障礙的重要起因。記住上文一句重要的話：如果飽和脂肪不足，會令到甲狀腺低，新陳代謝受阻，女性月經周期不準，甚至停經！

新陳代謝與身體發育掛鈎，全身細胞每四個月全部換代，頭髮、皮膚、指甲周期性新舊代換；還有女性的周期，是子宮內膜每個月通過微血管增生而代換一次……這些自然規律需要營養支援，需要我們從飲食和生活上作出配合。

所以，少吃肉甚至不吃肉都沒有問題，關鍵在於必須戒除廚房中的精煉油，同時每天在食物中加入來自植物的飽和脂肪，譬如澳洲堅果油和椰子油。家中應該最少有三種油，標準是每天每種油一湯匙，我自己會用澳洲堅果油做烹飪油，椰子油拌合在食物中，也不可以忘掉富含Omega-3的亞麻籽油。亞麻籽油必須冷吃，不可以加熱。以上食材可以諮詢「食療主義」。

少吃肉甚至不吃肉都沒有問題，關鍵在於必須戒除廚房中的精煉油，同時每天在食物中加入來自植物的飽和脂肪，譬如澳洲堅果油和椰子油。家中應該最少有三種油。

橄欖油炒餸衰梗

橄欖油不適合加熱做烹飪油，因為其中飽含不飽和脂肪酸，包括葉綠素這種極容易氧化的光敏物質，只可以做涼菜，或僅需輕微加熱的菜餚。

有人說，整個地中海周圍的人都是用橄欖油做烹飪油，說對了一半，地中海飲食不流行中式的煎炒，只有light cooking，就是上文說的輕微加熱，但即是只輕微加熱，也會破壞其中的維生素E，引起油被氧化，成為累積性的健康問題。（可參考http://nourishedkitchen.com/fats-for-cooking/）

從來沒有人注意橄欖油被氧化後引起的一系列健康問題，氧化後的橄欖油味道變質、營養流失，但這只是小事，被用作烹飪的橄欖油進入我們身體後，被氧化的脂肪酸產生自由基，自由基會引起癌症和其他病變，其中包括細胞膜衰敗、破壞DNA/RNA的鏈接、血管硬化等，進而引起器官和身體系統的病變，包括提前衰老、皮膚病、肝損壞、免疫系統崩潰、甚至癌症。（可參考 http://lluniversity.com/blog/nuts-and-oils-why-coconut-and-macadamia-nut-are-king/）

超市中有一種橄欖油聲稱適合高溫烹飪，其實那是用化學提煉法處理過的，叫精煉油，油分子的結構已完全改變，成為有害健康的油。早在六十年前布緯博士已指出，用化學方法提煉的油是癌症的成因。

從來沒有人注意橄欖油被氧化後引起的一系列健康問題，氧化後的橄欖油味道變質、營養流失，但這只是小事，被用作烹飪的橄欖油進入我們身體後，被氧化的脂肪酸產生自由基，自由基會引起癌症和其他病變。

第六章

女性長鬍鬚？健康需經營

每天做輕量帶氧運動，譬如散步、打太極、呼吸新鮮空氣的同時，推動淋巴排毒。適量曬太陽也有助身體製造維他命D，維他命D又可以幫助身體吸收鈣，鈣便是防止癌細胞擴散的重要微量元素！

肉桂可改善卵巢多囊綜合症患者閉經或月經不調等徵狀。服用肉桂的方法：在一杯溫熱的水中加一茶匙肉桂粉，每天一、兩杯，一天不要多過兩茶匙，連續幾個月，直到健康改善。

改善肥胖、降血壓、卵巢多囊綜合症和糖尿病的食療：食用奇亞籽（Chia Seed），每次一大湯匙，每天兩次。可大大減少血糖升高的幅度。

應該怎樣度過青春期這個叛逆時期？專家的結論是，必須學會換位思考，方法是大量閱讀。

這種胸圍引起乳癌

「生物共振」專家海密斯教授和他的醫療顧問，以及一位電磁波地理壓力專家，特意從德國來香港，為我們的讀者詳細解釋改善健康的方法。

「生物共振」是最古老的天然方法，也是最前衛的方法，依靠現代的電腦科學普及，破解大自然的健康密碼。演講很成功，會場坐滿了讀者，大家聚精會神聽了兩個半小時，了解很多重要的健康新資訊。

電子時代帶來致命的電子污染。根據瑞典的最新發現，胸圍的物料中如果有金屬線，長期每天穿戴，得乳癌的機率會高三倍，因為金屬物料放大了環境中的電磁輻射，再而深入乳房組織。

今年五月，以色列衛生部長（Jacob Litzmann，Minister of Health）邀請海密斯教授為一位剛得腦瘤去世的親人評估死亡原因，海密斯教授用生物共振儀器測試當事人的臥室，得出三點意見：一、頭部枕在班克網格上嚴重受

電子時代帶來致命的電子污染。根據瑞典的最新發現，胸圍的物料中如果有金屬線，長期每天穿戴，得乳癌的機率會高三倍，因為金屬物料放大了環境中的電磁輻射，再而深入乳房組織。

癌細胞

地理壓力影響；二、窗外有發電站；三、每天晚上，當事人的枕邊就是室內無線電話的座，這可能是家居所有電子用品中輻射最強、輻射可以穿牆過室的用品，要穿透腦殼就更加容易了。

教授也講到為長者保健養生的每天流程，包括用生物共振做能量平衡、用礦物沐浴粉泡腳排毒。我另外建議在這個基礎上服用食療，譬如益生菌、亞麻籽油、蒜頭水、維生素、礦物質等，也替換廚房的精煉煮食油。

遠離這種桌椅、床褥、眼鏡框

上文講到胸圍物料中如果有鐵線之類的金屬，長期每天穿戴，得乳癌的機率會高三倍，因金屬物料放大了環境中的電磁輻射，再而深入乳房組織裏。

市面上很少胸圍沒有金屬鐵線類，既不易找，很多人對此也半信半疑，因電磁輻射看不見、聽不見又摸不着，憑甚麼相信它會進入人和動物身體？

家中常見的Wi-Fi路由器發出的高頻無法聽見，在海密斯教授的講座上，專家用一個聖誕樹形狀的儀器測量這種高頻發射，本來聽不見的高頻，立即發出噠噠噠的電子噪音，頻率愈高噪音愈響。有一種特製窗簾布專門為擋住來自窗外的電磁輻射而設計，譬如高壓線、發電站、手機發射塔等，「食療主義」也有供應，專家用這種窗簾布擋在路由器和測試儀器中間，電子噪音立刻消失，顯示輻射被遮罩；將布拿開，電子噪音又再響起。然後出現恐怖的一幕：專家用自己的身體擋在路由器和測試儀器中間，電子噪音竟消失了，是身體把電子高頻完全吸收了！

這意味着，我們一天到晚都在吸收着空間各種高低頻電磁波。胸圍上的金屬會增加身體吸收輻射，金屬眼鏡框也會增加電磁波對頭腦的輻射！但鈦(titanium)金屬不會，塑膠的當然不會，危害最大的是鋁金屬框(aluminium)。另外就是金屬做的桌子和椅子，還有嚴重擴大電子輻射的彈簧床褥。電子輻射危害是積累性的，被長期受壓的身體無法分出能量修補身體，健康便會如江河日下。

電子輻射危害是積累性的，被長期受壓的身體無法分出能量修補身體，健康便會如江河日下。

怎樣逼**癌細胞**自殺

如何防止癌細胞擴散？海密斯教授的演講帶來一個重要線索。

根據專家的意見，人體每天都會產生癌細胞，癌細胞也每天被免疫系統找到，找到後就打倒消滅。但我們必須為免疫系統製造健康條件，首先要保持身體內部的酸鹼平衡，讓細胞的生活環境充滿養分和氧氣。

相反，癌細胞需要無氧呼吸（Anaerobic Respiration），氧氣充足的地方，癌細胞活不長。血液中充滿氧氣，癌細胞就被迫自殺，真的好像吸血殭屍電影的情節一樣。相反得病後躲在室內，拉上窗簾，心情抑鬱，自己嚇自己，病情一定往不好的方向反覆。

所以，布緯博士一再強調每天做輕量帶氧運動，譬如散步、打太極、呼吸新鮮空氣的同時，也推動淋巴排毒。適量曬太陽也有助身體製造維他命D，維他命D又可以幫助身體吸收鈣，鈣便是防止癌細胞擴散的重要微量元

癌細胞需要無氧呼吸氧氣充足的地方，癌細胞活不長。血液中充滿氧氣，癌細胞就被迫自殺。相反得病後躲在室內，拉上窗簾，心情抑鬱，自己嚇自己，病情一定往不好的方向反覆。

素！服用布緯食療也為血液提高帶氧量，同時保護細胞膜健康。大部分肉類都是酸性，癌細胞的無氧呼吸造成大量乳酸（lactic acid）廢物，也增加血液酸性，這些都不利健康細胞的生存。

鈣如何防止癌細胞擴散？這個細節很戲劇化，真的是一物剋一物，身體中的生化大戰猶如星球大戰。（未完）

是誰阻止癌細胞移民

鈣防止癌細胞擴散這個線索，是海密斯教授為我們讀者準備的座談會上講到的。

我們身體中有六十萬億個細胞，細胞之間互相黏連，為了防止細胞滑動便需要用膠合劑，把細胞緊緊固定在原來位置上，但身體中沒有萬能膠水，能夠勝任這項工作的便是微量元素鈣。

鈣把細胞固定在原來的位置上（cell adhesion）。如果其中有些細胞變成癌細胞，鈣就把癌細胞固定在原來地方，免疫系統隨之調動白血球趕到叛軍所在地，把被鎖定的癌細胞就地處決。鈣還可以封住細胞膜，防止癌細胞移民，這樣癌細胞就無法擴散。

細胞之間的黏合非常重要，一些入侵性的必要健康檢查，有可能破壞細胞膜，包括乳房X光檢查、前列腺檢查或組織切片檢查等，教授建議最好先補充鈣質，保護細胞膜，萬一細胞受損也能更快癒合。

多得廣告宣傳，社會上對「補鈣改善骨質疏鬆」這個概念並不陌生，分門別類的鈣商品，包括鈣片、鈣水、鈣粉、含鈣的奶、奶粉、芝士、飲品……但沒有甚麼人了解鈣對癌細胞擴散也有重要作用。

在忙着補鈣之前，更重要的是防止身體變過分酸性，甚麼會令身體變過分酸性：吃太多肉類、糖、甜品和奶製品；體內有太多重金屬；神經緊張；情緒差和休息不夠；缺乏運動；過多的咖啡、酒、冷飲；抽煙；缺乏奧米加和新鮮蔬果等。（未完）

細胞之間的黏合非常重要，一些入侵性的必要健康檢查，有可能破壞細胞膜，包括乳房X光檢查、前列腺檢查或組織切片檢查等，教授建議最好先補充鈣質，保護細胞膜，萬一細胞受損也能更快癒合。

經營健康好像做生意

人體需要蛋白質，肉類和植物都提供蛋白質，但肉吃得太多，肉類蛋白質過剩，血液中的酸性太高，會增加腎的負荷。

腎的功能是平衡血液中的酸鹼度，酸鹼度失衡只要超過小數位後一點點，就會引起生命危險。在這之前是產生過量尿酸，吃肉太多的人一定會尿酸高，所以如果尿酸高，腎已經病了。

吃太多白糖、甜品、肉類、垃圾食品及精煉加工食物會令血糖飇升，不但令胰臟負荷加重，更會增加血液的酸性、傷害血管壁，引發膽固醇趕過來修補。這些趕來修補血管壁的膽固醇，竟被社會咒罵叫「壞膽固醇」，其實沒有這些為主人健康而犧牲自己的膽固醇，這個貪吃的主人早就死於血管壁破裂！所以問題不是身體出現壞膽固醇，而是貪吃、亂吃的壞主人引起血脂高！總有一天，更多的社會大眾會發現根本沒有所謂壞膽固醇。身體中的重

人體器官不是為了消化、造血，就是為了排毒，所以在進補之前，必須先了解排毒，就好像做生意，在想賺之前，要想好為甚麼會虧。

金屬更加是強酸。

細胞間液（interstitial fluid）亦稱「組織液」，存在於細胞間質中的液體，是血液與周圍組織進行物質交換的媒介。人體中的生化組織和各部門之間的聯繫方式，真是細緻到匪夷所思，但都是天作而成，所以我更相信，既然大自然可以做出無比精緻複雜的人與萬物，也一定準備了大量天然食療，照顧祂子民的福祉。

細胞間液有空間過酸或過鹼，讓身體慢慢調節，但血液的酸鹼度一定要維持在pH7.35-7.45之間，否則後果不堪設想，這是腎的最重要工作。

人體器官不是為了消化、造血，就是為了排毒，所以在進補之前，必須先了解排毒，就好像做生意，在想賺之前，要想好為甚麼會虧。

女人為甚麼有鬍鬚

《長鬍子的女人》是墨西哥已故女畫家弗里達・卡洛（Frida Kahlo）的自畫像，屬世界級名畫，正式名字叫《與小猴子的自畫像》。她的傳奇故事亦曾拍過電影，但本文不是討論她的藝術，而是她唇上濃密的汗毛。女人為甚麼會長鬍子？先看一封讀者來信。

Mei：「本人有位好姊妹（三十五歲），最近發現自己有多囊卵巢綜合症，尿酸高，上網看過後才發現原來很普遍，可是發現除了減肥之外，好像沒有特別食療可以根治。希望你可以幫幫忙，想想有沒有相關食療。」

於是我問她：「她是否缺乏運動，飲食上又偏甜及肥膩？」

Mei：「朋友缺少運動，但現在開始有做健身單車，喜甜食，有時也愛吃零食，但她盡量把肥牛、雞皮、肥的都不吃了。尿酸往往與痛風有關係，幸好現在她未有痛風。」

現代社會的食物多，但人們少運動，卵巢多囊綜合症並不罕見，有統計指，約百分之三點五至百分之七點五的育齡期婦女患上此症。

現代社會的食物多，但人們少運動，卵巢多囊綜合症並不罕見，有統計指，約百分之三點五至百分之七點五的育齡期婦女患上此症。除了肥胖，患者還可能出現骨盆痛、腰痠、易累、長暗瘡、油皮膚、掉頭髮、禿頭、閉經或月經不調等徵狀，嚴重的更可能導致不育。

由於內分泌受到影響，男性荷爾蒙會很高，引起體毛多、臉上汗毛多，可能嘴唇上會有看起來像鬍子的汗毛。不敢妄下結論說，Frida可能有卵巢多囊綜合症，她也不胖，但她一生都活在死亡邊緣，曾開刀三十五回，小產三回，創傷令她不能生育，也有可能影響到內分泌。

那麼Mei的朋友是否也受男性荷爾蒙影響？她的電郵中沒有說，我準備再問她確認。（待續）

典型的卵巢多囊綜合症

讀者Mei的一位姐妹患有卵巢多囊綜合症（Polycystic ovary syndrome），徵狀的特點是患者肥胖，有男性體毛或長鬍子現象，這是因為體內男性荷爾蒙高，但Mei的信中並沒有提及鬍子現象。

為了確認是否典型的卵巢多囊綜合症，我寫電郵問Mei：「你這位姐妹是否臉上汗毛比較多？身體上體毛也比較明顯？」

Mei：「她唇毛比較多。」

這是個重要線索！有研究顯示，卵巢多囊綜合症與卵巢中的微血管不正常增生有一定關係。我們說過多次，根據美國腫瘤醫師李威廉醫師和他團隊的科學研究，人類有七十種病都是源自微血管不正常增生，包括腫瘤、肥胖、中風、糖尿病、心臟病、血壓、關節炎等這類流行病，現在也可以把卵巢多囊綜合症包括在內了。李醫師也強調，飲食要均衡和攝入足夠的抗氧化物

有研究顯示，卵巢多囊綜合症與卵巢中的微血管不正常增生有一定關係。根據美國腫瘤醫師李威廉醫師和他團隊的科學研究，人類有七十種病都是源自微血管不正常增生……李醫師也強調，飲食要均衡和攝入足夠的抗氧化物質，才能防止不正常的血管增生。

質，才能防止不正常的血管增生。

患者的飲食均衡有節制嗎？再看看Mei的來信，患者尿酸高、肥胖，愛吃肥牛、雞皮、肥膩的食物，喜甜及有時吃零食，少運動。總的來說，患者的飲食長期高糖份、脂肪酸不平衡，這完全符合微血管不正常增生的條件，再發展下去就是糖尿病了，怪不得患有卵巢多囊綜合症的人很多都有胰島素抵抗的問題，繼而引發高血壓、高膽固醇、心臟病。有這種病的人身體中也很容易發炎。

卵巢多囊綜合症還會遺傳，我記得以前有一位助手很胖，唇上汗毛很明顯，她曾經說過，她們一家從母親到姐妹都很胖，大概就是這個原因了。

（待續）

垃圾食品對女性的傷害

Mei的來信說，她患有卵巢多囊綜合症的朋友「上網看過後原來很普遍，可是發現除了減肥外，好像沒有特別食療可以根治。」

這個減肥方向是對的，從排除血脂開始，同時處理男性荷爾蒙過高的問題。我曾寫過有關減肥和改善糖尿病的食療，在排除血脂方面，糖尿病與卵巢多囊綜合症有一定的共通性，改善的方法大同小異。

一、每天最少散步三十分鐘。大部分人晚餐後坐着的時間長達六小時，改成飯後起碼站三十分鐘，這是最起碼的「運動量」。

二、拒絕即食麵、罐頭、香腸和醃製食品。通常講到減肥就是餓自己、不吃肥油，但看不見的陷阱是以上這些食物，因為這些食物含高鈉。根據《經濟日報》報道，一周只吃兩次或以上即食麵，已足以吃至糖尿病、中風上身，女性尤其高危。根據美國德州貝勒大學醫學中心研究，分析一萬七百名十九

我曾寫過有關減肥和改善糖尿病的食療，在排除血脂方面，糖尿病與卵巢多囊綜合症有一定的共通性，改善的方法大同小異。

至六十四歲的南韓成年人，發現每周進食兩次或以上即食麵，罹患代謝綜合症的風險增加，而且女性風險較男性高。研究員申賢俊表示，女性發病率較男性高，相信與兩者生理結構差異有關，例如雌激素及新陳代謝。

本文是討論卵巢多囊綜合症，以上的科研資料全部強調這些垃圾食品對女性的傷害尤其嚴重！鈉是導致中風的主要元凶。香港營養學會會長丁浩恩表示，進食過多含鈉的食品，會導致高血壓、心臟病、中風等。他又稱，如經常外出用餐，進食即食麵、罐頭或醃製食品，必會超出攝取上限，就算在家煮餸，常喜歡用很多調味料如蠔油、辣椒醬等，亦很容易超標。（待續）

女性都要吃的三寶

上文談到從排除血脂開始，同時處理男性荷爾蒙過高的問題，方法還有下面兩個。

三、哥倫比亞大學的研究員發現，肉桂（又名玉桂，Cinnamon），可改善卵巢多囊綜合症患者閉經或月經不調等徵狀；同時，根據《生育節育雜誌》（Fertility and Sterility Journal）最新研究資料顯示，肉桂可減低患者的胰島素抗性。服用肉桂的方法：在一杯溫熱的水中加一茶匙肉桂粉，每天一、兩杯，一天不要多過兩茶匙，連續幾個月，直到健康改善。也可以把肉桂粉加到麥片、乳酪等食物中，同樣一天不多過兩茶匙。肉桂有減低血糖功效，如果有胰島素抗性問題正在用藥，應該先聽取醫生意見。

人參、淡茶、桑葉茶能幫助控制血糖，防範胰島素抗性的風險，無糖無奶的黑咖啡也如是。糖尿病人只可以喝黑咖啡，但要注意咖啡的濃度，過濃

哥倫比亞大學的研究員發現，肉桂可改善卵巢多囊綜合症患者閉經或月經不調等徵狀。

的咖啡令人攝入過量咖啡因，弊大於利。

四、亞麻籽高纖並有豐富的Omega-3脂肪酸，有助穩定血糖，減低血管炎症，而且含有木酚素，能幫助控制患者身體內不正常分泌的男性荷爾蒙。

高鹽高鈉的食物嚴重影響腎臟和心臟健康。據《經濟日報》報道：心臟科專科醫生李麗芬解釋，鈉質由腎臟排走，長期攝取過多鈉質，會增加腎臟負荷，長遠或致腎病，亦影響血壓，引致中風。血液濃度有標準指標，如果攝取過多鹽分，會令血液濃度增加，需要多喝水去調節濃度，結果令血壓上升，高血壓亦對腎臟有壞影響。(待續)

肥胖女性要懂的食療

上文連續講一個現象：一個人食太多但運動太少，是糖尿病的成因，但對女性傷害更大。

在肥胖女性中，百分之三點五至百分之七點五育齡期的婦女患有卵巢多囊綜合症，女性會長鬍子，除肥胖外，還可能出現骨盆痛、腰痠、易累、長暗瘡、油皮膚、掉頭髮、閉經或月經不調等徵狀，嚴重的更可能導致不育。

上文分享過的食療與方法，可減肥、恢復正常經期、防治糖尿病和卵巢多囊綜合症等，以下繼續。

五、益生菌。上文説過糖尿病與卵巢多囊綜合症有一定共通性，糖尿病其中一個成因很簡單：吃得太多、運動太少。所以改善糖尿病的方法也很簡單：管住嘴，多走路！改善卵巢多囊綜合症的方法原則上也一樣，讀者Mei問：「上網看過後原來很普遍，但發現除減肥外，好像沒特別食療可根治。」其實大部分流行病都一樣。國際上有關糖尿病的科研文章較多，卵巢多囊綜合症患者可參考。

美國醫學期刊《糖尿病》（Cornell and Diabetes Journal）有一篇研究文章指，益生菌能將患有糖尿病的實驗室老鼠的血糖降低達三成，代表在以後的實驗，益生菌大有可能被證實有效治療。研究説：「益生菌似乎能令腸道的

糖尿病與卵巢多囊綜合症有一定共通性，糖尿病其中一個成因很簡單：吃得太多、運動太少。所以改善糖尿病的方法也很簡單：管住嘴，多走路！改善卵巢多囊綜合症的方法原則上也一樣。

上皮細胞發揮胰臟β細胞的功能，可發放胰島素控制血糖，這使有糖尿病的老鼠能正常地控制血糖。」有關益生菌的資訊可參考我的書或FB嚴浩生活。腸道健康等於排便正常、沒宿便，體重有減輕的條件，免疫系統有一個健康環境，於是自癒機制有機會正常工作。（待續）

減肥恩物奇亞籽

繼續分享改善肥胖、降血壓、卵巢多囊綜合症和糖尿病的食療。

六、拒絕垃圾食品。每天飲用含有糖份的汽水和飲品超過兩份以上，患胰腺癌的機率大幅上升。這十年來有多項研究皆指出，可樂、薯條等加工食物會加速大腦退化；相反，含有豐富維他命、Omega-3脂肪酸及抗氧化物質的食物和魚，則能夠防止大腦萎縮，減低年老時退化風險。垃圾食品中的反式脂肪是健康的惡魔，是一切慢性病的開始。比起男性，垃圾食物對女性的危害更大。

七、食用奇亞籽（Chia Seed），每次一大湯匙，每天兩次。奇亞籽富含蛋白質、纖維和大量Omega-3脂肪酸，還有豐富維他命及鈣、磷、鎂、錳等礦物質，抗氧化性非常卓越，甚至超越新鮮的藍莓。研究發現，由於脂肪酸含量多，服用兩湯匙奇亞籽已可大大減少血糖升高的幅度。有多項報告皆顯示，經常食用奇亞籽可減低血糖，以及令我們長脂肪的三酸甘油脂，令血液稀釋並且減低炎症。奇亞籽兩湯匙已含有十克纖維，對改善便秘也有幫助。

這個近年來新興的超級健康食物，不含麩質（gluten），毋須烹煮便可直接食用，但不要乾吃，會引起吞嚥困難，可放在加了蜂蜜的水或果汁中浸泡至少十分鐘後喝掉。也可混入沙律。還可做果醬，方法：將泡好後的奇亞籽與漿果（譬如藍莓、覆盆子）放入攪拌機打爛，然後加蜂蜜。又可以混合椰奶，加點海鹽和蜂蜜，攪勻放冰箱變健康布丁。還可以自製面膜：用四分一杯椰子油，加一茶匙檸檬汁、一茶匙奇亞籽，攪勻後可放冰箱保存五天，用來敷面數分鐘後沖水，皮膚嫩滑。（待續）

研究發現，由於脂肪酸含量多，服用兩湯匙奇亞籽已可大大減少血糖升高的幅度。經常食用奇亞籽可減低血糖，以及令我們長脂肪的三酸甘油脂，令血液稀釋並且減低炎症。

女人有鬍鬚也不怕

女性如何降低體內的男性荷爾蒙？多囊性卵巢症候群的患者由於內分泌混亂，引起身體內男性荷爾蒙不正常升高，女士的面部、腹部和乳房長有黑粗的毛髮，唇上長出濃濃的汗毛，醫學稱之為多毛症。

懷孕的婦女中，百分之五至百分之十也會患有多囊卵巢症，男性荷爾蒙睾丸酮大增。大自然是否有為女性降低男性荷爾蒙、改善多毛症提供了食療？

繼續為大家介紹第八種——多喝薄荷茶，可以減低雄性荷爾蒙。這是英國《衛報》（The Guardian）二零零七年二月的一篇報道。看到這篇報道時我大吃一驚，因為薄荷茶是我經常喝的茶！這篇報道來自一個土耳其德米雷爾大學（Suleyman Demirel）做的研究，原文刊登在《本草療法研究》雜誌（Journal Phytotherapy Research）。

做這個研究的緣起是我們男士最不愛聽見的：大學接到來自本地男士的大量投訴，說喝薄荷茶令他們減低性慾，甚至精子減少。大學的科學家正在做改善女性多毛症的研究，患有多囊卵巢症的婦女，身體出現荷爾蒙失衡，會有多毛症。

教授們受到男人投訴薄荷茶減低性慾的啟發，發現薄荷茶中含有的物質會降低雄性激素水平，於是用在多囊卵巢症的患者身上。這篇報道說：大學對二十一名年齡介乎十八至四十歲的女性進行實驗，其中十二人患有多囊性卵巢症候群。實驗證明，連續五日、每日飲兩杯薄荷茶，能夠有效降低雄性激素水平，抑制體毛生長。

負責這項研究的教授說，目前治療體毛過長的方法是使用口服避孕藥抑制雄性激素的分泌，或者採用其他醫療手段，但他們的研究顯示，飲用薄荷茶可能是一種很好的自然療法。（待續）

土耳其德米雷爾大學對二十一名年齡介乎十八至四十歲的女性進行實驗，其中十二人患有多囊性卵巢症候群。實驗證明，連續五日、每日飲兩杯薄荷茶，能夠有效降低雄性激素水平，抑制體毛生長。

減肥、降血壓、改善卵巢多囊綜合症和糖尿病，還有以下的食療。

九、國際網站上有不少通過天然食物改善卵巢多囊綜合症的資料，其中一致通過的有蘋果醋（Apple Cider Vinegar）。蘋果醋有助控制血糖，血糖不飈升，身體便毋須發放大量胰島素，分泌系統也毋須製造過量的男性荷爾蒙睪酮素（Testosterone）。

卵巢多囊綜合症患者其中一個徵狀，就是體內的睪酮素過高，以致有多毛症，但研究顯示身體原來需要足夠分量的睪酮素去減低胰島素抗性，這樣推算下去，相信如果血糖正常，胰島素分泌也正常的話，睪酮素就可以正常分泌。所以，這個病的患者不可嗜甜，也不能吃過量的白飯和白麵，這些都是快速升糖的食物。由於蘋果醋可以幫助保持血糖穩定，所以也有助控制體重和改善整體健康。

服用方法：在一杯水中加入兩茶匙未經過濾的生蘋果醋，每天三次，飯前喝，連續幾個星期，直到改善。可以逐漸加大蘋果醋的分量，最多可加到兩湯匙一杯水，一天兩到三次。也可以加入蜂蜜或者新鮮果汁調味，糖尿病人可以適量吃真正的蜂蜜。

十、鋸齒棕（Saw Palmetto）是另一種有可能改善女性多毛症的天然營養補充品，雖然沒有醫學研究的證實，但網上有不少相關資料，顯示很多婦女發覺鋸齒棕除了對消除暗瘡有效之外，還能改善多毛症（hirsutism），估計是有控制睾酮素過分分泌的功效，據說可每天服用三百二十毫克補充劑連續幾個月，分量因人而異。（待續）

蘋果醋有助控制血糖，血糖不飈升，身體便毋須發放大量胰島素，分泌系統也毋須製造過量的男性荷爾蒙睾酮素。

消脂減肥這樣吃

卵巢多囊綜合症的根本原因或因人而異，但有兩個因素比較普遍：缺乏運動、飲食偏甜和肥膩，所以改善方法就是戒口、減肥、做運動。這裏再介紹專門降血脂的「降脂湯」，以前針對糖尿病介紹過一次。

材料包括：丹參十五克、首烏十五克、黃精十五克、澤瀉十五克、山楂十五克。先把藥材浸泡半小時，煮的時候多放水，譬如八百到一千毫升，水滾後，轉文火煮十五至二十分鐘，然後連藥渣放進保溫壺中帶在身邊，當茶水喝一天。適當配合前幾天介紹的方法吃喝。

運動尤其重要，《中國二型糖尿病防治指南》明確提到，運動可減肥、增加胰島素敏感性，有助控制血糖。以下食物可以減低體內脂肪和所謂的「壞膽固醇」：小米、藜麥、麥皮、番茄、苦瓜、芹菜、豆類、海蜇皮、海帶、海藻類、淡菜、馬蹄、雪梨、柿子……有需要可適時加薑。

「降脂湯」材料包括：丹參十五克、首烏十五克、黃精十五克、澤瀉十五克、山楂十五克。先把藥材浸泡半小時，煮的時候多放水，譬如八百到一千毫升，水滾後，轉文火煮十五至二十分鐘，然後連藥渣放進保溫壺中帶在身邊，當茶水喝一天。

奇亞籽的吃法再詳細一點：這個近年新興的超級健康食物不含麩質（gluten），不需烹煮可以直接食用，但不要乾吃，會引起吞嚥困難。我會用水泡二十分鐘，吃的時候加蜂蜜。可混入沙律、果汁，還可以做果醬：將泡好後的奇亞籽與漿果（如藍莓、覆盆子）放入攪拌機打爛，然後加蜂蜜。又可以混合椰奶，加點海鹽和蜂蜜，攪勻放冰箱變健康布丁。

乳腺增生與情緒的關係

L小姐被確診有乳腺增生，她很驚訝，因為她平時吃得很健康，以蔬果為主，加上十穀米和堅果，魚一個星期只吃一兩次，之前試過連蛋、奶與奶製品也不吃，現在只吃有機蛋。

她也注意做運動，每天起碼做三十到四十分鐘。她幾年前開始更年期，大概三年前開始服用布緯食療，每次只服用兩湯匙芝士和一湯匙亞麻籽油。

她也服用益生菌和磷蝦油。L小姐問：「已經飲食健康，又注意運動，為甚麼還有乳腺增生？是健康食品不適合我嗎？」

以上的健康食品會引起乳腺增生嗎？磷蝦油和益生菌不可能影響乳腺增生，相反磷蝦油能改善發炎的體質，益生菌能保持腸道健康。有關布緯食療中的雌激素問題，請參考《嚴選偏方》第二集，但也不會引起乳腺增生，相反只會起正面的影響。我參考了一下中醫對乳腺增生的看法：「此病與婦女們的內分泌功能紊亂或中醫說的肝氣鬱結有關，病徵為經前乳房腫脹或乳房現小顆粒。」我問這位讀者：「請問你平時是否容易生氣，尤其會不會生悶氣？會不會遏抑自己？」

L小姐說：「其實我很容易upset發脾氣，我也一直嘗試克服。我是Christian，tend to寬恕和忘記，我祈求上帝的幫助，也定時讀《聖經》，我經常感恩。我會更努力控制自己的脾氣。我有服食椰子油，現在會試試用椰子油按摩乳房。」

建議這位讀者多吃一點蛋白質，尤其吃肉不多的人，應該平時多吃豆類。

其實大部分的病都與情緒健康有關，其中女性的健康更容易受到情緒影響，不可不知。

其實大部分的病都與情緒健康有關，其中女性的健康更容易受到情緒影響，不可不知。

你還記得青春期嗎？

每個人都經歷過青春，但大概沒有多少人還記得具體細節，用文學的語言概括青春期只有兩個字——青澀！兩個字就把人生中寶貴的一段經歷帶過去了，這段既寶貴又混亂的「青澀」到底是甚麼？

美國心理學會喬治米勒獎的得主、暢銷書《教養的迷思》及《基因或教養》作者茱蒂・哈里斯指出：那是一段尷尬年齡，還不是大人卻已不是小孩，體內荷爾蒙大量湧出，使情緒不穩定，身體開始變化，第二性徵出現。作者的結論竟然是：「如果人生可以重來，我希望跳過青春期。」

為甚麼一個德高望重的學者，竟會帶着情緒反思青春期？作者繼續說：「青春期時外表的改變都不及大腦內的改變，青春期時神經迴路（組別）密集地與別的迴路連接，心智日漸開竅，朦朧的世界出現了脈絡，知識逐漸條理化，心智迅猛發展，卻離開成熟還有很遠。青春期對很多人來説是個青澀

應該怎樣度過這個困難時期？專家的結論是，必須學會換位思考，方法是大量閱讀。

難捱的生長期。」

心智迅猛發展，卻離開成熟很遠，不懂得處理人際關係與衡量道德標準，對這個過程我很有印象，譬如看見同學之間的欺負行為，不知道應該站在得意的欺負者一方，還是受害人一方；對違反紀律的行為，不知道應該與之所至附和，還是直斥其非。青春期是人格形成的關鍵期，腦袋中響着各種相反聲音，十四歲的少年血氣方剛，大腦尚未成熟，但是拳頭已足以打死人。

應該怎樣度過這個困難時期？專家的結論是，必須學會換位思考，方法是大量閱讀。原來是這樣！我記得整個青春期基本上也是埋頭閱讀，做宅男。（未完）

青春期的「叛軍」

青春期是尷尬的年齡，身體開始出現變化，第二性徵出現，體內荷爾蒙大量湧出，使情緒變得不穩。大家習慣把這段時期叫反叛期，但這樣分類很不好，一旦成年人把孩子定位為「叛軍」，就種下了對抗性的種子，成人和孩子之間的對話和溝通被撕裂，悲劇就這樣開始了。

為甚麼情緒會不穩定？為甚麼孩子變成另一個不認識的人？其實連青春期的孩子都無法了解自己，但作者茱蒂・哈里斯指出，這時候「體內荷爾蒙大量湧出，使得情緒不穩定」，是無法避免的生理現象，所以成年人要體諒孩子，因大家都曾經年輕過。

這段時期有個秘方對兩代人都至為重要，叫「換位思考」，方法是通過大量閱讀，這是專家提出的解決方法。「若在這個時候沒有大量閱讀使之學會換位思考，孩子會因為一時衝動而做出後悔一輩子的事，外國各所學校莫

這段時期有個秘方對兩代人都至為重要，
叫「換位思考」，方法是通過大量閱讀，
這是專家提出的解決方法。

不在這段時期要求孩子大量閱讀。以美國為例，學校從八年級開始，社會科一學期要讀十四本書，學生要從書單中的每一個宗教、每一個種族，任選兩本書來讀。」

年輕人與成年人都要學會換位思考，對成年人的要求更迫切，當成年人學會換位思考，我們的態度自然會影響下一代。成年人也要趁這個時候充實自己：「閱讀是吸收經驗和智慧的最快方法，人生有限知識無涯，最快的方式是通過閱讀，從別人的知識中吸收養份。」（未完）

大腦影響兩代人幸福

當一個人的行為跟「正常人」有距離，避免發生衝突的方法是先了解對方背後的故事，作者茱蒂・哈里斯指出：「先要有背景知識才能對事情有正確解釋」，有了背景知識就不會有偏見與錯覺。

錯覺從甚麼地方來？講你都不會信，錯覺正正是來自你的眼睛與大腦！不要相信你的大腦，你的大腦生存在一團內分泌中，不斷被各種因素影響判斷，譬如疲勞的大腦與休息好的大腦，對事物的看法已不盡相同；轉牛角尖時世界一片黑暗，休息好以後同樣的世界又會變得一片光明。

大腦連眼睛都信不過。科學家做了這樣一個實驗，證明即使眼睛看見，大腦還是不信：在你前面一幅畫上有三個人，三人體積一樣大小，在照片的兩旁加上放射性線條，畫面立刻有了透視與景深，令三個人看起來有遠近，結果使遠的人看起來比近的人體積大了！這錯覺來自大腦過去的經驗：如果遠的人跟近的人一樣大，等於遠的人應該更大。在這個簡單實驗上，證明大腦其中一個特性是經驗主義，經驗蓋過理智。因此明知三個人一樣大，大腦還是會告訴你遠的比較大，錯覺與偏見就這樣產生了。

人是會改變、會變壞，也會變好，對青春期的孩子要付出耐心。孩子變成成年人的階段需要空間，父母要給孩子空間，方法不是給孩子一間獨立臥室，而是「換位思考」，大人與孩子都應該把握這個不可重複的時期，提升對自己和對世界的認識。這個提升如果成功，首先得益的是你與家人的關

人是會改變、會變壞，也會變好，對青春期的孩子要付出耐心。孩子變成成年人的階段需要空間，父母要給孩子空間，方法不是給孩子一間獨立臥室，而是「換位思考」。

係，家庭相處更溫馨融洽。家庭是否和睦，對孩子一生的心理健康都有影響，對父母的餘生是否幸福同樣有影響。（未完）

人格改變面貌

青春期必須大量閱讀，這與成年後人格形成有至關重要的關係。人格是累積而成的，其中包括你所讀的書、看的電影、你個人在社會中的經驗，同時，你的一舉一動、一言一行、你所做的每個決定，都會累積成你的人格，你的將來由你自己塑造，如果你已經成年，你的現在是你自己塑造出來的，如果你想改變，便需要再重新塑造自己。

其實，面貌也是由自己塑造的。林肯說過：人的樣子在四十歲之前是父母給的，四十歲之後是自己給的。他的意思當然不是整容。相由心生，有生活經驗的人都知道林肯説的是真話。一個熱愛閱讀，關注內心成長的人，即使生出來不是俊男美女，但隨着時間過去，臉上的線條自然柔軟，氣質自然非凡，皮膚也會變得細滑，臉上有一層光從毛孔散發出來，好像從紙燈籠中流出來的柔和燭光。我見過這樣的人，而且毋須等到四十歲。

常讀書的人和不讀書的人有甚麼差別？經常閱讀、不停思考的人，他的境界會跟別人不一樣，會有不一樣的觀點。「見眾人所見，思無人所想。」記得我曾經分享過這句話嗎？一個愛閱讀的人也愛思考，在平凡又混亂的生活中，他比起其他人站得高也看得遠。靜坐能更快提升內心成長。（「見眾人所見，思無人所想。」阿爾伯特・森特・哲爾吉，一八九三－一九八六，匈牙利醫學家，發現了維生素C，是最早研究自由基和癌症關係的科學家之一）（未完）

常讀書的人和不讀書的人有甚麼差別？經常閱讀、不停思考的人，他的境界會跟別人不一樣，會有不一樣的觀點。

一輩子都在青春期

「青春期是人生最痛苦的時期，在這個時期，孩子對自己沒有信心，渴望讚美與認同，為了得到同伴肯定，不惜自嘲、貶低自己，甚至扮小丑搞笑。」

這是美國心理學會喬治米勒獎得主、暢銷書《教養的迷思》及《基因或教養》作者茱蒂・哈里斯的原話，我很認同。青春期的生硬尷尬和沒有自信的感覺我到現在還記得。專家說，青春期在人前的不自在要到二十五歲才結束，不過我知道有很多人到了一把年紀還是在人前不自在。專家又說：「這個轉變時期的孩子對未來茫然空虛，性激素大量分泌，情緒的爆發趕不上理智的成熟，每天忍受內外角力，是人生最痛苦的時期。」青春期在專家的科研報告中竟然是人生最痛苦的時期！如果你家中有處於青春期的孩子，請回憶你自己在青春期的混亂和不安，千萬要心存包容和耐性。

「這個時候第二性徵卵巢、睪丸開始成長，大腦正重組腦區的連接，修剪沒有用到的神經元，猶如在裝修的房子，大腦一片混亂。對青春期開始與終結的一般標準，女孩是從初潮來潮、男孩從變聲開始，直到結婚才結束。」嘩！青春期要到結婚才結束？結婚與青春期結束的關係，不止因為荷爾蒙，還因為結婚後有了家庭，有了責任感，從前是興之所至，擋我者死，現在客觀條件不再，理智必須先行。但還不是一定的，有些人的青春期等有了孩子才逐漸結束，有些人要等離婚成為單親父母才逐漸結束，有些人大概一輩子都在青春期。

青春期在專家的科研報告中竟然是人生最痛苦的時期！如果你家中有處於青春期的孩子，請回憶你自己在青春期的混亂和不安，千萬要心存包容和耐性。

青春期的生理特點

專家說：「對青春期的定義，從女孩初潮來潮、男孩變聲開始，直到結婚才結束。」但專家沒有說適婚年齡是幾時，可以是三十歲，也可以是四十歲，而且「這段期間的長度，全球都有愈來愈長的迹象，比以前開始得更早，結束得更晚，所以，父母的日子愈來愈不好過。」

如果你家有一個青春期孩子，你看了這段專家的話大概會很安慰，你不是唯一在世界上有非常子女的父母。

專家繼續說：「負責控制衝動的前額葉皮質要到二十歲才成熟，而大腦的成熟快慢有別，有的要到二十五歲！所以，父母要從小訓練孩子自我控制的能力。」

青春期的生理特點是情緒控制理智，但生理條件並不等於真理，一個總是不合群的人很討厭，總是不體諒父母的孩子，更叫人焦慮。平衡這段生理過程的秘方是——自我控制！「父母要從小訓練孩子自我控制的能力」，責任在父母，從小的意思，是絕對不要從小縱容孩子的慾望，不要被孩子的哭叫控制。

「青春期也是『社會的腦』快速發展的時候，這個時候的孩子對別人的表情敏感，動不動就覺得別人有敵意，看不起自己，會把沒有表情，又或者中性表情的面孔判斷為負面情緒的臉。」

我記得自己二十出頭的時候去外國唸書，一個人面對新環境、面對一群鬼佬奇奇怪怪的臉。英國人比起其他國家的人表情虛偽，他們可以看着你的時候友善，但一轉身馬上變臉，表情從微笑變成不屑，過程只有半秒，目的很明顯，認定要趁你的眼睛還留在他/她臉上時，讓你看到他們討厭外國人的臉色。起碼這是我青春期時對英國人的印象。(未完)

青春期

「負責控制衝動的前額葉皮質要到二十歲才成熟，而大腦的成熟快慢有別，有的要到二十五歲！所以，父母要從小訓練孩子自我控制的能力。」

荷爾蒙澎湃

專家指出：「青春期的青少年最愛冒險，也最容易被激將挑唆，是基於兩個原因：一是基因演化，另一個是大腦神經傳導物質。」

我想起一九六七年的香港暴動，那時候我正值青春期，荷爾蒙與革命熱情都同樣澎湃。現在經專家指出，原來青少年對事件的反應比成年人多了激烈、少了思考，正正基於以下兩個生理原因：

一、基因演化：這是生存的需要，表達方式是「好奇」——人類在演化過程中，必須對更好、更安全的居住環境保持好奇，必須對食物來源保持好奇；對新朋友、新群體的好奇有助提高安全感，也能擴充生存的地盤，而對異性的好奇亦使生命得以傳遞下去。好奇心本來是正面的，是創造力的原動力，有演化上的功能，是去除不了的特性；但好奇心也害死貓，這個時期的孩子很容易染上煙酒毒品，容易濫交，容易上當，也容易被利用。

二、大腦神經傳導物質：這個時期大腦中一種叫多巴胺的荷爾蒙特別強，多巴胺又叫「快樂荷爾蒙」，凡是會帶來補償的行為都會令大腦興奮，產生快樂荷爾蒙。一些成年人認為無足輕重的補償，青少年都會拼命去爭取，包括老師的笑臉肯定、網路上別人的稱讚、抽獎的小禮品、色情圖片、巧克力等，都會活化大腦中的多巴胺迴路。（未完）

經專家指出，原來青少年對事件的反應比成年人多了激烈、少了思考，正正基於以下兩個生理原因：一、基因演化；二、大腦神經傳導物質。

你對我like，我為你亡

青春期很容易high，我想起了兩個例子。

多年前有一部非常賣座的電影《周末狂熱》（Saturday Night Fever），主角「揸住煲茶」（John Travolta）獲五金店老闆加薪，雖然少得可憐，但他無比高興，連孤寒老闆自己都感到不好意思。這是典型青少年的反應，對方一個讚許欣賞的舉動，即使無關輕重，都會令大腦產生快樂荷爾蒙多巴胺。

還有一個例子，有位IT界年輕人很有成就，但促成他進入這個行業的推動力，是中學時候一封筆友的來信。信是其他學校一個女孩子寫的，連樣子也沒見過。這個男同學為學校編寫了一個網頁，女孩子看見後大加讚許，鼓勵他朝這個方向發展，就這樣成就了他將來的事業。多年後，男生事業有成，通過一切方法找到這位素未謀面就失去聯繫的女生，是一個感人的真人真事。

一句簡單的稱讚激發了這位男生的多巴胺，造成那麼大的推動力。被一個集體認同也會強烈激化多巴胺，所以年輕人特別喜歡埋堆。一些熱情洋溢的口號都會激化多巴胺，所以激進分子和革命分子多為年輕人，也容易掉進多巴胺的陷阱，只要開始換位思維，就發現真相浮出水面。專家指出，通過大量閱讀，加上社會調查，盡可能去了解事件的成因與歷史背景，平心靜氣聽取每個不同聲音的訴求，當作增廣見聞，有足夠的常識時，便能在認知上站在一個比別人高的平台上，作出非一般的選擇。(未完)

青春期

這是典型青少年的反應，對方一個讚許欣賞的舉動，即使無關輕重，都會令大腦產生快樂荷爾蒙多巴胺。

高估自己能力的青少年

青少年喜歡冒險，我記得少年時做的最危險的一件事，是跟幾個同學去徒手爬懸崖，沒有任何意義，只是人家做，所以我也做。

懸崖很陡，好像一堵牆，沒有落腳處，每一步都需要踮着腳尖，手腳並用，扒着凸出才一點點的石頭邊，從懸崖東面走到西面，如果失足掉下去，在掉到大海前已先摔死在石頭上，現在回憶起來還兩腿發軟。

洪蘭是台灣國立中央大學認知神經科學研究所教授，知名台灣科學家，針對這個青春期現象她這樣說：「其實青少年與成人一樣清楚行為的危險性，並沒有錯覺以為自己是超人不會受傷，但他們對補償和損失的敏感度不一樣，高估了自己的能力，低估了危險事故的機率，只看到開快車帶來的興奮和刺激，忽略因交通事故死亡的不可逆轉，認為這種事不會發生在自己身上。」

當時我們一群笨小孩的心理正是如此。

二零一五年《科學美國人》雜誌中，洪蘭的文章有這樣一個故事：「曾經有個行為實驗，青少年和成年人一起玩一個電子遊戲，需要快速通過一系列紅綠燈，綠燈會突然變黃，實驗發現，如果是兩個青少年在一部車中就一定衝黃燈，比單獨一個人的時候高達四倍！成年人不論車上有幾個人，都不會受影響。」

爬懸崖這種事，當時如果只有我一個人，是絕對不會做的，我記得先是兩個人爬，第三個本來不會做這種事的同學跟着做，然後像我這種慢熱的人就不由自主跟在後面，謝謝上天我們都活過來了。（未完）

「其實青少年與成人一樣清楚行為的危險性，並沒有錯覺以為自己是超人不會受傷，但他們對補償和損失的敏感度不一樣，高估了自己的能力，低估了危險事故的機率，只看到開快車帶來的興奮和刺激，忽略因交通事故死亡的不可逆轉，認為這種事不會發生在自己身上。」

閱讀模塑人格

通過父母教育的孩子，EQ都比較高，台灣著名科學家洪蘭說：「父母的教養責任大過學校，在孩子未成年前責無旁貸，不能推給學校。孩子必須幼時在家中就學好規矩。我們是透過被管理才學會管理自己。父母的規矩和限制並不會讓孩子感到難受；相反，當形成規範，反而孩子會有安全感。」

愈來愈多的研究證據顯示，經常閱讀、不停思考的人，他的境界會跟別人不一樣，也有不一樣的觀點。閱讀，是人生的分水嶺，它可以帶給我們兩個最大的好處：

一、在群體中知道自己的位置：這樣就不會說錯話，言行舉止得體。這一點獨生子女特別需要注意，在家中習慣了做小皇帝、小公主，如果不學會換位思考，在團體中會成為一個非常不受歡迎的人。

二、判斷力：經常閱讀的人不會輕易相信帶有取向性的說話與報道，懂得客觀分析思考，沉住氣探討真相是否有其他可能性。閱讀提升視野，讓我們的思維準確而且敏銳。

當然，閱讀其中最重要的好處是紓解情懷，這一點與看電影是一樣的。情節中的人物令我們聯想到身邊的人物和自己，參考他人怎麼思想，是否認同故事中人的所作所為；勇敢的人令我們敬仰讚嘆，卑鄙的人令我們審視自己的靈魂，我們的人格就在這種反覆的參考與比較中成形。

這也是我的成長經驗，無法想像我的成長中沒有書本和電影。書本和電影是人類分享經驗的重要渠道，而人的價值之一，就在於分享經驗。（資料來自《科學美國人》二零一五年七月號）（完）

青春期

閱讀，是人生的分水嶺，它可以帶給我們兩個最大的好處：一、在群體中知道自己的位置。二、判斷力。

本書功能依個人體質、病史、年齡、用量、季節、性別而有所不同，若您有不適，仍應遵照專業醫師個別之建議與診斷為宜。

嚴浩秘方還你自癒力

編著
嚴浩

編輯
喬健

美術統籌
羅美齡

美術設計
Charlotte Chau

排版
Sonia Ho

出版者
萬里機構・得利書局
香港鰂魚涌英皇道1065號東達中心1305室
電話：2564 7511
傳真：2565 5539
電郵：info@wanlibk.com
網址：http://www.formspub.com
http://www.facebook.com/formspub

發行者
香港聯合書刊物流有限公司
香港新界大埔汀麗路 36 號
中華商務印刷大廈 3 字樓
電話：2150 2100
傳真：2407 3062
電郵：info@suplogistics.com.hk

承印者
美雅印刷製本有限公司
香港九龍觀塘榮業街 6 號海濱工業大廈 4 樓 A 座

出版日期
二零一六年七月第一次印刷

Published in Hong Kong by Teck Lee Book Store,
a division of Wan Li Book Company Limited.

ISBN 978-962-14-6095-0